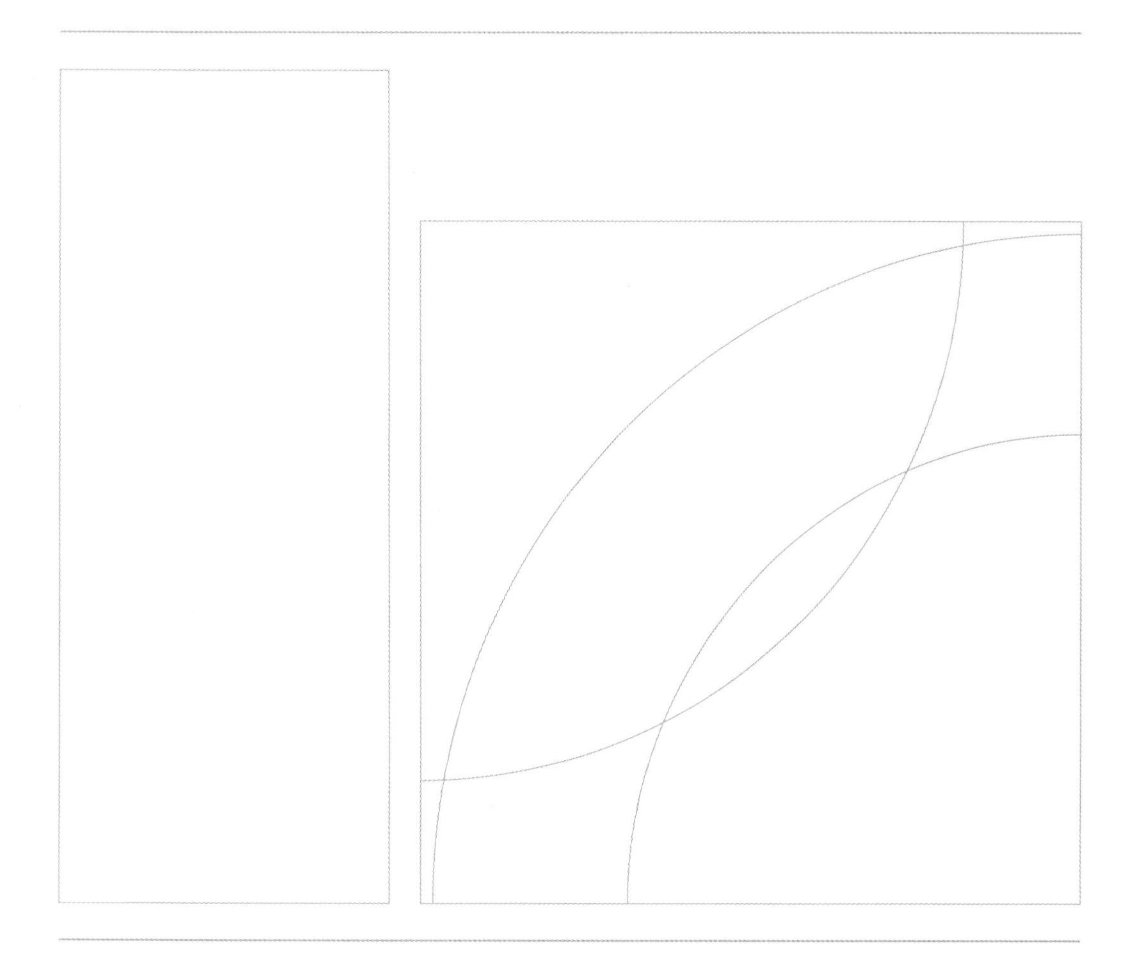

河西走廊水资源供需矛盾与社会控制研究（1368—1949）

魏静 著

中国社会科学出版社

图书在版编目(CIP)数据

河西走廊水资源供需矛盾与社会控制研究：1368－1949／魏静著．—北京：中国社会科学出版社，2021.6

ISBN 978－7－5203－8627－2

Ⅰ.①河… Ⅱ.①魏… Ⅲ.①河西走廊—水资源管理—研究—1368－1949 Ⅳ.①TV－092

中国版本图书馆CIP数据核字（2021）第117778号

出 版 人 赵剑英
责任编辑 刘 芳
责任校对 王佳玉
责任印制 李寡寡

出　　版 中国社会科学出版社
社　　址 北京鼓楼西大街甲158号
邮　　编 100720
网　　址 http://www.csspw.cn
发 行 部 010－84083685
门 市 部 010－84029450
经　　销 新华书店及其他书店

印　　刷 北京明恒达印务有限公司
装　　订 廊坊市广阳区广增装订厂
版　　次 2021年6月第1版
印　　次 2021年6月第1次印刷

开　　本 710×1000 1/16
印　　张 13.75
字　　数 203千字
定　　价 78.00元

凡购买中国社会科学出版社图书，如有质量问题请与本社营销中心联系调换
电话：010－84083683

目　录

前　言

水利社会史是区域社会史的重要组成部分，也是自20世纪80年代以来史学研究的一个热点。以水利为切入点来研究某个地区的历史发展特点是较有意义的尝试。这种研究一般要有一些理论视野，可以借鉴历史文化学、社会学等其他学科的相关研究理论，也就是说要将研究史料放到特定的理论框架中。水利社会史是通过水利看社会，而社会是立体的、多层次的、变化的，将研究置于某种理论框架下，有助于使自己的研究更为贴近历史的全貌。为什么要选“水利”作为切入点，因为中国自古是农业大国，小农经济是国家经济的基础，历代统治者都十分重视水利事业，可以说水利是农业的命脉，是国家赋税的基础，无论是旱作农业区还是灌溉农业区，都离不开“水”。在以农业为基础的社会，包括用水在内的水利活动是重要的经济社会活动，了解和研究水利有助于了解和掌握区域社会的发展脉络，了解国家与社会是如何通过水利互动的，从而对传统社会的治理有新的认识。

本书将河西走廊作为特定的研究对象是基于以下几个原因。首先，河西走廊和其他类型的农业区相比，有其自身的特点。河西走廊气候干旱，雨水稀少，属于内陆河流域，戈壁荒漠分布区域较广，沙漠化严重。农业形式表现为少量的宜农宜牧的绿洲农业，绿洲也是人类活动的主要区域，这里的水源补给主要来自祁连山冰雪融水，因此祁连山冰雪融水是河西走廊生产生活的命脉。研究历史时期河西走廊的水利活动，一定要对祁连山本身及其对河西走廊的意义有深刻的了解，这是区分与其他类型水利社会不同特点的关键。研究河西走廊有利于开拓水利社会史的研究范畴，丰富水利社会史的研究内容。其次，河西走廊的农业主要取决于灌溉，历史时期由于不能较好地利用水资源，如落后的灌溉方式、渠道布置不合理、水利设施破坏、沙漠化严重等导致水资源浪费巨大。加之，人口、垦地的不断增加与扩大以及人类不合理的生产生活方式致使用水紧张的现象成为常态，水利纠纷众多，并留下大量的史料，通过对这些纠纷的研究，有助于把握国家在社会治理上采用了怎样的方式。最后，从灌溉分水的特点来讲，历史时期河西走廊在水资源供给不足的情况下，人们通过精打细算的方式制定了在当时历史条件下看起来较为公平合理的使用模式，将有限的水资源尽最大可能地平均分配，这种民间规则由于能有效缓解社会矛盾、确保赋税，因而受到历代政府的认可和推崇，一些分水规则直到今天还在延续着。因此，研究历史时期河西走廊的分水制度对当今如何有效合理利用水资源以及如何保护区域生态环境，促进地区经济社会发展不无借鉴意义。

本书的观点主要有以下三点。

第一，传统的民间分水制度是建立在均平的原则上，正是这种相对公平的、能够兼顾各方利益的分水制度在基层社会秩序的维护上发挥着核心的作用，也正是这种公平合理的制度才受到历代政府和民众的认同和支持，具有相当程度的稳定性和权威性，进而成为处理社会矛盾的准则。

第二，民间水利管理制度有利于节水灌溉和社会自我纠错机制的实现。然而在水资源供需矛盾日益突出的局面下，由于国家对基层社会的有限干预，使得“渠册”“水簿”等小范围的管理模式已难以满足各方的利益诉求，在国家职能缺位的情况下，社会秩序的失范也就难以避免。

第三，由于民间水利规约的普遍被认同，即便在其已经不能应对新的社会矛盾的情形下，依然被政府和民众视为维护社会秩序的良方。民国时期，虽然国家加大了对水利社会的干预和控制，但依然没有能力扭转河西走廊水资源供需矛盾的状况，传统制度依旧发挥着重要的社会控制作用。

本书的意义与价值表现为以下几个方面。

一是研究选题。本研究属水利社会史研究范畴，主要对明清以来河西走廊的水资源状况、水资源短缺引发的社会矛盾以及相对应的社会控制机制进行深入探讨。这个选题具有较强的针对性，通过对历史时期水资源社会问题的分析梳理，一方面可以较为全面客观地分析探讨当时的社会矛盾、社会结构以及社会控制机制；另一方面，本研究也具有一定的现实关怀，通过对历史的回顾与反思，以期对今天河西走廊经济社会发展提供一定的借鉴意义。

二是研究内容。本研究具有长时段和整体性的特点，长时段的研究有助于把握历史发展演变的内在脉络，而整体性有助于全方面和立体化地展示当时社会面貌。

三是研究方法。史学研究主要在于建构史料，也即通常所说的文献法。本书也是以此为基础，但在方法上有一定的创新，主要表现为通过田野考察，对河西内陆河流域绿洲灌溉区进行选点考察，在田野中感受历史文献与现实社会的交融，并对相关口述史料、庙宇碑刻、民间传说等进行搜集。另外，本书也运用多学科交叉法，综合运用历史学、水利学、历史地理学、人类学、社会学、民俗学等多学科知识，较为完整地阐释和把握研究内容，力求使研究接近真实性、客观性和科学性。

四是学术价值方面。当前关于河西走廊水利社会史的研究相对华南和山陕地区来讲，还显得较为薄弱。从学术路径上看，还没有实现研究范式的转变。从研究方法上看，还较为单一，缺乏多学科知识和理论的运用。从研究成果的创新和理论的建树看，还不能和华南地区“宗族与国家关系”理论的提出以及山陕地区“水利社会”理论的开创相提并论。本书力求通过河西走廊水利社会史的研究为区域社会史研究提供西部干旱区的典型个案。

五是从现实关怀上看。河西走廊今天依然存在严重的用水矛盾，所不同的是矛盾的主体发生了改变，从传统农业社会中不同的水利群体演变为今天的城市与乡村、工业与农业。研究历史时期的水资源社会问题，揭示历史时期的社会结构、社会运行、社会秩序以及社会控制，对于今天处理各类用水纠纷，优化水资源社会配置、维护和谐社会秩序、汲取传统分水制度的合理之处、维护区域生态环境将具有显著的现实意义。

绪　论

一　相关理论回顾

20 世纪 80 年代以来，中国史学界的研究路径和范式都出现了新的变化，社会史作为一种新的研究范式被提出来。在新的史学观的推动下，历史研究的对象扩展到社会各方面，在借鉴和运用多学科理论的基础上，对史学文献进行深度解读，力求全方位、立体化地展现历史时期的社会生活、社会结构、社会关系和社会变迁，这是一种从"小事件"看"大历史"的史学态度和方法。

区域社会史是超越地方史的一种研究范式。地方史研究虽然有助于我们了解一地的历史文化，但却缺乏扩展性和整体性，不利于我们得出理论性和规律性的结论。区域社会史是对自然特征相近、历史文化相似的区域进行整体性和历时性研究，有助于打破地方史行政区划之疆界，使研究结论更具客观性和科学性。另外，区域社会史在史料建构上也不同于传统地方史研究，传统地方史研究立足于地方史志等官修文献，着重于对历史事件、历史地点、历史人物等的考证和阐述。区域社会史跳出了这一狭窄的路径，在史料利用上，不仅利用地方史志等官修史书，还深挖档案资料、民间碑刻文书，并利用田野考察的访谈笔录等。在研究方法上，区域社会史借鉴不同学科的相关知识和理论，以"走向历史现场"的态度，结合田野调查，从微观入手，尽量客观和真实的反映历史的宏观概貌，使研究成果在理论上有所建树，结论上有所创新。

水利社会史是区域社会史重要的组成部分，自 20 世纪以来，在吸纳和借鉴众多海内外理论的基础上，推出了不少具有代表性的成果。在回顾这些成果之前，有必要对相关的研究理论、学说概念进行简要的阐述。

（一）国家与社会理论

对于人文社会科学的研究来讲，国家与社会的关系问题是一个绕不开的元命题，社会史的研究更不能“就史谈史”，而必须更多地关注社会结构方面。区域社会史的历史脉络，蕴含于对国家制度和国家话语的深刻理解中，如果忽略国家的存在而奢谈社会史的研究，难免偏颇。[①] 社会史是整体性的研究，没有国家作为背景考量，其研究结果就会具有主观臆断性，因此，对国家典章制度的了解就是十分必要的工作。陈春声先生讲到，区域社会史研究的目的，就是要了解漫长历史文化过程中区域社会生活的特点，了解士大夫阶层是如何将国家正统观念影响到不同地域的百姓，了解国家和社会在漫长的历史过程是如何互动的。[②] 总之，区域社会史的历史脉络可视为国家意识形态在地方社会各具特色的实践和表达。

关于国家与社会的关系问题，市民社会理论是最具代表性的了，它认为社会是国家的对应物，是与政治国家相对分离的非政治领域，其意义在于自组织或团体的力量，把社会从国家的强制力控制之下分离出来，以实现社会个体的平等权、自由权、公民权等。[③] 怎样认知传统社会中的国家与社会关系问题？一般意义上讲，国家与社会的关系有三种表现形态，一是国家权力强大，社会发育弱小，国家与社会不相分离；二是社会与国家已经分离，但国家处于强势地位，占有了社会一定的自我发展空间，社会必须依附国家；三是国家与社会处于均衡状态，社会自组织不断发展壮大，国家有意收缩其权力触角，留

---

① 赵世瑜：《小历史与大历史：区域社会史的理念、方法与实践》，生活·读书·新知三联书店2010年版，“丛书总序”。

② 赵世瑜：《小历史与大历史：区域社会史的理念、方法与实践》，生活·读书·新知三联书店2010年版，“丛书总序”。

③ 文史哲编辑部编：《国家与社会：构建怎样的公域秩序?》，商务印书馆2010年版，第20页。

给社会一定的自我发展、自我治理空间。[1] 中国传统社会应属第一种模式。梁治平先生认为中国古代国家的形成有两个重要特征，一是国家的出现是建立在固有的亲族血缘关系基础上，二是政治亲缘化和亲缘政治化造成了家国不分，公私不立的社会形态。[2] 这种社会形态将国家消融于社会中，使国家与社会相混融。赵世瑜先生认为传统社会中，国家与社会几乎一直处于胶合状态，表现出一种十分复杂的互动关系。国家与社会的关系作为社会史的分析工具，一直以来备受关注，其基本的研究取向就是以单纯的基层社会为切入点，关注国家与社会之间的复杂关系。[3] 但是在社会史的研究过程中，我们常常发现中国传统社会结构中，民间社会是存在一定自治空间的，国家对社会的干预也是有限的。但是这种自治是国家消极无为政治的产物，是伦理道德模式下家族社会的结果。梁启超先生曾言，"中国有族民而无市民"，"有乡自治而无市自治"[4]，传统社会以家族偏胜，乡自治即为族自治，其属性是依人不依地。正如梁漱溟先生所言，这种族自治是不能移植于都市社会中的，因为"都市五方杂处，依地不依人，以家族伦理关系为组织运用者，在都市里是用不上的"[5]。可见，在传统社会中，不存在市民社会，市民社会必须运用"法"来组织运行，"礼"之下的一系列伦理道德只能运用到家族社会中。总之，以国家和社会为分析工具，使得区域社会史的研究有了相对统一的理论方向和问题意识，关注国家与社会的互动关系，对区域社会史的整体性研究产生了积极的意义。

（二）地方精英

史学界关于地方精英的研究往往和"士绅"这一概念联系在一

---

① 文史哲编辑部编：《国家与社会：构建怎样的公域秩序?》，商务印书馆 2010 年版，第 21 页。

② 梁治平：《清代习惯法：社会与国家》，中国政法大学出版社 1996 年版，第 6 页。

③ 赵世瑜：《小历史与大历史：区域社会史的理念、方法与实践》，生活·读书·新知三联书店 2010 年版，第 30 页。

④ 梁漱溟：《中国文化要义》，上海人民出版社 2011 年版，第 230 页。

⑤ 梁漱溟：《中国文化要义》，上海人民出版社 2011 年版，第 232 页。

起，地方精英的范畴要大于士绅，士绅可以演化为地方精英，但地方精英绝不仅仅是士绅阶层。所谓地方精英是指在地方社会施加支配的任何个人或家族，既包括绅士，也包括乡村长老、大商人、资本家、军事精英等。王先明认为，地方精英其实是一个超阶层、涵盖范围甚广的概念，是一个研究表达，而不是乡土社会存在的实体表达。[①] 本课题研究主要着眼于地方精英中的士绅阶层。张仲礼认为，士绅的地位是通过获取功名、学衔或官职而取得的，这种身份会给他们带来程度不同的身份、威望和特权，士绅阶层居于国家和基层社会之间，受到地方政府的高度重视，政府对地方社会的治理通常倚靠这个阶层。作为家乡族众的代表，他们也承担了重要的社会职责，诸如"与地方政府沟通、参与公益活动、排解纠纷、兴修公共工程、组织团练及征税等"，"他们视自己家乡的福利增进和利益保护为己任"[②]。费孝通认为，官僚、士大夫及绅士是异名同体的政治阶层，士大夫包括官僚、绅士两个阶层。官僚是士大夫在官时的称谓，官僚离职、退休、乡居或未任官以前则称为绅士。官僚和绅士共同治理地方社会，"绅士的地位处于统治者与被统治者之间，上为帝王，下是芸芸之万民……依权附势，通过为上服务得到权位和利益……对人民来说，他们是主子……兼并土地，包庇赋税，无所不用其极"[③]。梁漱溟从教化、社会秩序的角度出发，认为士人的职责在于"启发理性、培植礼俗"，"主持风教，给众人做表率"。因为有了士人，"社会秩序才是活而生效的"，士人居于君主与民众之间，对上下两方都要做功夫，对君主要常常规谏他，让他懂得恤民；对民众则时常教育他们要遵守伦理道德，士人就是这样两面做功夫，以安大局。[④] 总之，在传统社会结构中，士绅是一个极其重

① 王先明：《士绅构成要素的变异与乡村权利——以20世纪三四十年代的晋西北、晋中为例》，《近代史研究》2005年第2期。

② 张仲礼：《中国绅士：关于其在十九世纪中国社会中作用的研究》，李荣昌译，上海社会科学院出版社2002年版，第54页。

③ 费孝通、吴晗等：《皇权与绅权》，上海观察社1948年发行，第67页。

④ 梁漱溟：《中国文化要义》，上海人民出版社2011年版，第196—198页。

要的中间群体，起着上下承接的桥梁作用，在国家与社会的互动中发挥着十分重要的作用。

（三）社会控制

美国社会学家 E. A. 罗斯著有《社会控制》一书，可以说是研究社会控制的鼻祖之作。罗斯对引发社会控制的诸多因素进行了分析，他认为高级的社会秩序来自成功的协作，每个协作者必须在确定的界限内开展活动，在这其中也就自然蕴含着一切公认的社会准则，这是引发社会控制的核心。同情心、友善、正义感、个体的反抗、从众、舆论等都是引发社会控制的心理依据，但都存在致命的弱点。在诸多要素中，权威是形成社会控制的重要因素，因为某种公认的权威可以在相互冲突的利益之间划出界限，“在一个平静的社会中，习惯的力量可以划出这种界限，但当社会前进和变化时，这种界限就模糊不清了，必须有客观的权威重新把界限划分出，否则社会就会在混乱中解体”①。权威是一个涵盖范围较广的概念，法律是其中之一，罗斯认为法律是进行社会控制的有力手段，“法律作为最专门化的高度精致完美的社会控制工具，一方面对有侵犯行为的人实行镇压，另一方面对危害家庭关系和无视契约关系的进行强制”②。在这之外，风俗习惯和信仰也能形成社会控制，这种社会控制主要是依靠崇拜和情感因素。不容忽视的是，无论是风俗习惯还是信仰，都可能被少数人操纵，“当信仰被纳入一个有人准备利用它来支配另一些人时，政府的行政管理实际上就已经建立在那种看不见、摸不着的信仰之上了”③。在谈及权利与社会控制之关系时，罗斯认为威信是产生权利④的直接原因，而权利引发社会控制。国家是社会控制的主要力量，“当国家

---

① ［美］E. A. 罗斯：《社会控制》，秦志勇、毛永政译，华夏出版社 1989 年版，第 31 页。

② ［美］E. A. 罗斯：《社会控制》，秦志勇、毛永政译，华夏出版社 1989 年版，第 81 页。

③ ［美］E. A. 罗斯：《社会控制》，秦志勇、毛永政译，华夏出版社 1989 年版，第 107 页。

④ 具有最高威信的阶级获得最大权利，民众的威信给民众以优势地位，长辈获得年龄的威信，地位威信给统治者以优势地位，金钱给资本家以优势地位等，参见［美］E. A. 罗斯《社会控制》，秦志勇、毛永政译，华夏出版社 1989 年版，第 61 页。

成为稳固完善的行政组织时，它便使社会在一定程度上服从它”，“当大众无法使自身免受各种危害时，国家对他们的帮助越大，国家发挥的社会控制也就越大”。

总之，任何一种社会状态都是游走于有序与无序之间，在这之间无疑存在着某种控制力，使无序状态回归正常，这种控制力的强弱大小决定着社会的存在和运行。社会秩序是社会控制的晴雨表，正常的社会秩序必须以“公正”作为理念和原则。在传统社会中，风俗、习惯、民约村规、道德教化、信仰等都是自然世界和现实世界秩序的产物，是内在秩序的外在化，正如司汉武所言：“这些东西提供了一种社会秩序的象征，尽管这种象征是虚构的，但人类离开了这种虚构就很难达成共识，更遑论形成整体化的社会共同体。”①

（四）治水社会与水利共同体理论

“治水社会”这个概念是美国学者卡尔·A. 魏特夫提出的，他将政府对水利的兴治与专制的治国手段联系在一起，他认为并非所有的社会都会导致政府对水利的控制，只有在社会经济水平还处于不断消耗自然资源的基础之上，并且还没有达到以私有制为基础的工业文明社会，和在雨水农业匮乏，水源不足的社会环境里，人类才会朝着治水社会的方向前进。② 魏特夫强调了自然条件和社会经济基础对治水社会的影响。为什么“治水社会”会和专制集权联系在一起？因为在魏氏看来，大规模的灌溉农业需要大量的水资源供给，只有投入大量的劳动力才能进行水利疏导和储积，在早于工业机器时代的自给自足的小农社会环境中，这些大量的劳动力必须通过权威来进行组织和协调，这种权威力量必然导致专制主义制度的出现。正如他所言：“要有效地管理水利工程，必须建立一个遍及全国或人口重要中心的组织网，控制这一组织的人总是巧妙地准备

① 司汉武：《制度理性与社会秩序》，知识产权出版社 2011 年版，第 49 页。

② ［美］卡尔·A. 魏特夫：《东方专制主义：对于集权力量的比较研究》，徐式谷等译，中国社会科学出版社 1989 年版，第 3 页。

行使最高政治权利。"[①] 魏特夫的"治水社会"理论将治水与集权国家的专制统治联系在一起，从水利灌溉的特征来看国家政治运作，跳出了就水利谈水利的窠臼。但是，魏特夫将灌溉农业社会的水利兴治归因于国家的专制统治，并将其看成专制国家的表现形式，难免使研究显得偏颇，不能令人信服。"治水社会"理论的另一代表是冀朝鼎先生，他提出了"水利与基本经济区"的概念，他认为在中国古代，兴治水利是国家的一种职能，目的在于增加农业生产或者是为漕运创造便利。历朝历代都将水利工程建设作为重要的政治手段和武器。所谓"基本经济区"就是受到特殊重视的地区，这些地区是在牺牲其他地区利益的条件下发展起来的，可为国家的政治控制提供经济支持。[②] 在基本经济区发展水利工程可以为国家征服与统治附属地区发挥经济基地的作用。[③]

"水利共同体"理论在20世纪的日本史学界曾引起广泛的讨论，森田明是其中比较著名的一位，他著有《清代水利社会史研究》《清代水利与区域社会》等作品。"水利共同体"关注水利组织的构成，水利组织与村落之关系，水利组织运作之核心要素以及水利组织衰落之原因等问题。在《清代水利社会史研究》一书中，作者通过对华北水利组织的考察，认为水利共同体具有如下特征。一是共同体成员最重视者为用水公平，水利组织的管理人员身负维护公平用水的职责，对于违犯者，期待公权力不仅作为形式上的保证，而且也作为现实上的介入而产生效果，从而加强以灌溉为中心的共同体之秩序。[④] 二是渠规是水利共同体秩序的核心。三是水利共同体通过宗教（祭祀

---

① ［美］卡尔·A. 魏特夫：《东方专制主义：对于集权力量的比较研究》，徐式谷等译，中国社会科学出版社1989年版，第18页。

② 冀朝鼎：《中国历史上的基本经济区与水利事业的发展》，朱诗鳌译，中国社会科学出版社1981年版，第8页。

③ 冀朝鼎：《中国历史上的基本经济区与水利事业的发展》，朱诗鳌译，中国社会科学出版社1981年版，第34页。

④ ［日］森田明：《清代水利社会史研究》，郑樑生译，台湾"国立"编译馆1996年版，第359页。

水神）的纽带，从侧面来谋求加强共同体组织。四是水利共同体也可视为村落联合体，因为一方面，水利组织在营运上完全依靠作为基层组织的村落；另一方面，村落也完全经由水利组织的协助完成村落本身之生产，因此，水利组织将村落联结在一起，构成水利共同体。[①] 五是共同体成员，即渠户的负担金以“按照所管夫役、花户按户均摊”为原则，就是说根据水利工程应出之夫数来均摊。而水利工程的夫数又是根据土地所有额，即根据灌溉面积来计算。因此，就水利共同体的构成要素来讲，各用水户所要负担的费用、配水额，以及成为夫役之基础的土地所有额，必须以各斗门为单位而制作的“鱼鳞册簿”为依据。[②] 总之，在水利共同体中，“地、夫、钱、水”形成有机的统一，水利设施为共同体所共有，修浚之夫役、资金费用以田地面积或“灌溉面积”来计算，由渠户共同承担，共同体内渠户的权利与所承担的义务互为表里，“地、夫、钱、水之结合为水利组织之基本原理”。关于水利共同体解体之原因，森田明认为，明末清初以后，随着大乡绅、大地主和大商人对水资源之控制，由他们所经营之农业生产，其私人特性逐渐加强，这必然会使灌溉用水之共同规范桎梏化，水利共同体秩序因之打破，造成以强硬手段来霸占水，或使水、地分离的现象逐渐增多。另外，有许多中、小阶层之农民，却根据原来的“地、夫、水、钱”的原则努力维护水利共同体之规范，自动地去阻止水利组织之瓦解[③]。作者特别指出，土地与水的分离造成水利规则的破坏，并危及水利组织的延续，因此，加强民间水规以谋求内部凝聚力则成为抵制这种破坏的重要手段，当然政府作为公权力也着力于维护水利共同体的存续，以确保国家税役的掠夺。

---

① ［日］森田明：《清代水利社会史研究》，郑樑生译，台湾“国立”编译馆1996年版，第363页。

② ［日］森田明：《清代水利社会史研究》，郑樑生译，台湾“国立”编译馆1996年版，第365页。

③ ［日］森田明：《清代水利社会史研究》，郑樑生译，台湾“国立”编译馆1996年版，第397页。

（五）水利社会

20 世纪 90 年代以来，在区域社会史研究影响和推动下，水利社会史研究如火如荼地开展起来。在行龙、王铭铭等教授的开创下，提出了“水利社会”的理论和概念，实现了从“治水社会”向“以水利为重心延伸出来的区域性社会关系体系”的“水利社会”的转变，从而使区域社会史的研究找到了一个全新的切入点。行龙教授对于“水利社会”理论的研究内容以及学术路径给予了较为全面的总结，他认为“水利社会”的研究应从四个方面展开，一是对水资源的时空分布特征及其变化进行全面阐述分析，并以此作为划分水利社会类型和时段的依据；二是对以水为中心所形成的区域社会经济产业进行分析研究；三是以历史时期的水案为研究中心和切入点，对区域社会的权力结构及运作、社会组织结构及运作、国家与社会的互动关系等问题开展深入研究；四是对以水为中心形成的区域社会带有浓厚地域色彩的风俗、传说、信仰等日常生活进行研究，透过这些研究看区域社会的建构、运行等。这四个方面的内容拓展了水利社会史的研究领域，使研究更具整体性。对于学术路径，行龙认为应“从实证研究出发，提炼出具有本土化色彩的理论分析框架。在这一学术努力中，依然主张走向田野与社会”①。

二 相关学术成果回顾

海外学者方面，除了上述日本学术界提出的“水利共同体”理论外，英国学者沈艾娣在《道德、权利与晋水水利系统》一文中，具体分析了道德是如何通过在民众中流传的故事建构起来，又是如何在特定的体制中落地生根。沈艾娣通过对晋水水利的考察，试图让读者理解道德经济是如何在中国农村得到体现，并深入诠释支撑这种道德经济的价值系统，是存在于地方组织之中（如水利组织），

---

① 行龙：《“水利社会史”探源——兼论以水为中心的山西社会》，《山西大学学报》（哲学社会科学版）2008 年第 1 期。

而不是存在于某一个阶级里，这些组织，不同程度给个人或群体提供了一个选择不同价值系统的可能性。[①] 美国学者杜赞奇在《文化、权力与国家——1900—1942 年的华北农村》一书中提出了“权力的文化网络”概念，他通过对华北邢台地区水利管理组织的考察，提出“文化网络”是如何把国家政权和地方社会整合进一个权威系统（机构）的。他认为，文化网络内部的各要素相互关联，如流域盆地与行政区划相交叉，闸会与集镇在一定程度上重合，祭祀等级和不同层级的水利组织相呼应，基层社会各种组织权利资源相混合，龙王的信仰又是如何被不同组织引为己用。这些都反映出不同的利益和愿望相互混杂，进而形成乡村社会权威阶层。[②] 黄宗智在其代表作《华北的小农经济与社会变迁》一书中探讨了水利与社会经济结构之间的关系，指出，排水与灌溉上的差别，导致农作物布局的不同。譬如，在低洼易涝的土地上，耐涝低产的高粱成为农户的首选，本来棉花是当地主要经济作物，但是在低洼之地，农民不会冒险种植。因为水利和自然条件之不同，一个地区农业商品化的程度也就呈现不同的状态，而商品化和社会阶层的分化又密切相关。在华北地区，经济作物的种植使得少数自耕农有机会晋升成为富农，甚至成为较大的农场主、地主，同时也会使很多自耕小农沦为佃农或雇农。在商品化程度较高的地区，阶层的流动使得在村地主和富农被不在村地主、富农取代。总之，自然环境的因素如土地坡度、有无灌溉水源等，和社会经济结构如作物布局、商品化程度、阶级关系等密切相关。[③] 黄宗智通过研究水利对农作物的分布的影响，及其所导致的商品化程度和社会分化，揭示了水利和社会层级的流动、社会经济结构演变之间的关联。

---

① ［英］沈艾娣：《道德、权利与晋水水利系统》，《历史人类学学刊》2003 年第 1 卷第 1 期。

② ［美］杜赞奇：《文化、权力与国家——1900—1942 年的华北农村》，江苏人民出版社 1996 年版，第 58 页。

③ ［美］黄宗智：《华北的小农经济与社会变迁》，中华书局 2000 年版，第 62 页。

国内对水利社会史的研究起自20世纪90年代，一些高质量的学术成果陆续问世。1987年，郑振满教授在《明清福建沿海农田水利制度与乡族组织》一文中强调，历史时期的农田水利，不仅是农业生产力发展状况的表现，而且也是其时社会组织形式的反映，应当成为社会经济史研究的重要研究领域。[①] 文章进一步指出，只凭借国家政权的力量，并不足以对基层社会水利事业实行有效控制，还必须借助族规乡约甚至于“城隍老爷”来发挥实际的作用。因此，明清时期政府发挥的作用在福建沿海不断削弱，而乡族组织却日益成为基层水利的控制主体。文章将“宗族”引入水利社会史的研究中，这在国内水利社会史中属较早的研究成果。

2003年，中法国际合作项目《华北水资源与社会组织》推出了一系列丛书，成为近年来水利社会史研究领域的代表之作，其中由法国学者蓝克利、中国学者董晓萍等编著的《不灌而治：山西四社五村水利文献与民俗》《沟洫佚闻录》等是《山陕地区水资源与民间社会调查资料集》中两部十分重要的历史文献。该丛书通过田野调查的方法，对陕西省泾阳县、三原县以及蒲城县进行实地调查，并对上述地区的民间水利历史文献以及田野调查的口谈笔录进行搜集，通过多学科的理论和知识对资料进行描述、分析和研究，认为陕西省泾阳县、三原县以及山西省洪洞县、介休县都存在古代水利灌溉系统，一些农田水渠甚至延续至今，属灌溉农区，而陕西省蒲城县以及山西省洪洞、霍县交界的四社五村因没有水利灌溉系统，属旱作农区。然而，无论哪种类型的水利社会，都存在着现实或者象征性的水资源管理模式。譬如在山西四社五村这样一个严重缺水的村社组织里，村民长期坚守公有共享原则，对有限的水资源实行严格的现实与象征性双重管理，创造了近万村民与干旱长期共处的奇迹。上述丛书以全新的视角和理论为我们研究山陕地区水利社会的结构、运作提供了借鉴和可供

---

① 郑振满：《明清福建沿海农田水利制度与乡族组织》，《中国社会经济史研究》1987年第4期。

参考的民间文献资料。行龙教授对丛书研究成果给予了充分肯定，认为“这套资料集至少有三个方面值得称道：一是较好的问题意识和切入点；二是运用多学科交叉方法，特别是田野调查法，使研究更具示范性和方法论意义；三是整理和抢救了许多未公开的民间水利碑刻以及民间水利文献。”①

赵世瑜在《分水之争：公共资源与乡土社会的权利和象征——以明清山西汾水流域的若干案例为中心》一文中，将水放在公共物品或公共资源的框架下去分析，认为，水资源作为公共物品，在其管理和运作中，国家原则上支持传统的民间水规，对破坏行为进行处罚，或在旧的规章不能应对新的矛盾和问题时，做一些不触动基本原则的技术性改造。因此，国家总是居高临下、不偏不倚地处理纠纷。国家的这种角色定位是因为水资源的公共属性使其分配或管理要更多地依据民间社会确立的公平规则。② 张俊峰在《率由旧章：前近代汾河流域若干泉域水权争端中的行事原则》一文中，通过对山西汾河流域四个泉域的个案研究，指出“率由旧章”是解决这些泉域型水利社会水权争端的主要方式，是国家面对现实社会中水资源紧张和供需矛盾引发制度变革时的一个被动和消极应对，政府的这种行事原则，不利于从根本上解决问题，甚至无形中加剧了水权分配不公的现象，导致水资源利用的低效和优化配置的无法实现，并因此延缓了制度变迁的整体进程。③

厦门大学王日根教授通过对福建沿海水利碑刻的考察分析，认为民间碑铭规约体现了中国传统文化中德法互用的精神，是传统社会中法观念普及的重要体现。民间法规因为是由熟悉地方事务，且具有使命感的乡贤们从社会安定的角度出发制定，因此能在地方社会发挥控

① 行龙：《“水利社会史”探源——兼论以水为中心的山西社会》，《山西大学学报》（哲学社会科学版）2008 年第 1 期。

② 赵世瑜：《分水之争：公共资源与乡土社会的权利和象征——以明清山西汾水流域的若干案例为中心》，《中国社会科学》2005 年第 2 期。

③ 张俊峰：《率由旧章：前近代汾河流域若干泉域水权争端中的行事原则》，《史林》2008 年第 2 期。

制作用，具有相当的可操作性，并且能在一定程度上切实解决地方社会问题，因而受到官府的认同、协助和推广，同时也能得到民众的支持配合，确保了基层社会秩序的和谐稳定。[①] 钞晓鸿教授在《灌溉、环境与水利共同体——基于清代关中中部的分析》一文中，以日本学界的“水利共同体”理论为切入点，提出了不同的观点，认为在清代的关中中部地区，中、小地主的衰落并不构成水利共同体瓦解的原因，而地权的分散却导致了水利共同体构成要素的分离，其背后存在一些根本的机制性问题，譬如农田灌溉需要水源的相对稳定性，但这却与河流径流量的不稳定性构成矛盾；水资源作为公共物品在所有权方面的公共性、模糊性与现实中使用权的排他性、明确性之间构成的矛盾；各渠道用水规则逻辑上的均衡性与上、下游之间的差异不公所构成的矛盾等，这些因素都有可能造成“水利共同体”构成要素的分离，进而导致其衰落和瓦解。[②]

钱杭教授在《共同体理论视野下的湘湖水利集团——兼论“库域型”水利社会》一文中提出了“库域型水利社会”的概念，认为浙江萧山湘湖由于特殊的地理位置和水源供给方式，是库域型水利社会中的典型个案，在这种类型的水利社会中，受传统公私伦理道德熏陶的既得利益者，把后来者一概视为敌对者，使得本可以调整兼顾的利益关系完全对立化，激化了社会矛盾，进而丧失了许多重建秩序的机会。这种社会不和谐的无序状态加剧了湖体之淤塞，丧失了湖水之利，最终损害了水利共同体的家园。[③] 北京大学韩茂莉教授以山陕地区基层水利管理组织为研究切入点，认为以渠长为核心的基层管理组织包含了乡村社会的诸多层面，其中以乡绅、大户结成的具有渠长人选资格的水权控制圈在水利运行和管理中起着重要

---

① 王日根：《从碑铭看福建民间规约与社会管理》，《中西法律传统》第4卷，中国政法大学出版社2004年版，第145页。

② 钞晓鸿：《灌溉、环境与水利共同体》，《中国社会科学》2006年第4期。

③ 钱杭：《共同体理论视野下的湘湖水利集团——兼论“库域型”水利社会》，《中国社会科学》2008年第2期。

作用。[①] 田东奎教授从水利法的研究视角出发，通过长时段的考察，对历史时期的水权纠纷的解决机制进行了深入探讨，认为古代的水权纠纷解决机制以水利灌溉、分水制度、用水顺序、工程维护、工役负担等具体内容为依据，配合少量的程序法，以避免和减少纠纷，这与近代水权纠纷解决机制对实体内容和程序内容的双重强调形成鲜明对比。古代水权纠纷解决机制包括民间解决机制和官方机制两部分，官方解决机制发挥主导作用，民间机制起补充作用，而近代以来则相反。[②]

关于河西走廊地区的水利史研究近几十年来也推出了不少成果。李并成等学者利用正史、方志、敦煌文书等，长期以来关注汉唐以来的河西水利开发史，其内容多与移民实边、军事屯田、设置郡县、生态变迁、考据考证等有关。在水利社会史方面，李并成先生在《明清时期河西地区"水案"史料的梳理研究》中认为，明清时期河西地区人口大幅增加，土地、水资源的开发规模之大前所未有，而绿洲有限的水资源与人们盲目扩大耕地、滥垦滥牧等不合理的开发利用方式之间的矛盾日益突出，导致绿洲中下游间争水抢水的诉讼案件不断增多，以至于酿成历史时期严重的社会问题，这种大规模和长时期的水利纷争造成绿洲下游平原土地开发受损，部分农田抛荒，农、林、牧用水无法保证，进而加速这些地区沙漠化的进程。[③] 王培华在《清代河西走廊的水利纷争及其原因——黑河、石羊河流域水利纠纷的个案考察》一文中认为，水利纠纷是清代以来河西走廊主要的社会问题之一，其争水主要表现为两种形式，即同一流域上下游各县之间的争水以及一县之中各渠坝之间的争水。究其原因来讲，自然因素与社会因素兼而有之，水资源短缺限制了

---

① 韩茂莉：《近代山陕地区基层水利管理体系探析》，《中国经济史研究》2006 年第 1 期。

② 田东奎：《中国近代水权纠纷解决机制研究》，中国政法大学出版社 2006 年版，第 19 页。

③ 李并成：《明清时期河西地区"水案"史料的梳理研究》，《西北师范大学学报》（哲学社会科学版）2002 年第 6 期。

河西走廊经济社会的全面发展。[1] 潘春辉从生态环境的视角出发，认为清代河西走廊的水利开发与环境变迁有着重要关系，譬如河西地区修建水渠需要较多木材与柴草，这种生产方式导致植被大量采伐，进而加剧了该地区土壤沙化。河西地区水利管理和运作也存在诸多弊病，这也是导致该地区环境被破坏的原因，如官员舞弊徇私、渠民有意截水、水规水约不尽完善等因素往往导致下游受旱，从而加剧了下游土地盐碱化的程度，进而使土地沙化加速。又如河西走廊水渠修治技术低下，往往导致耕地开辟后渠水无法到达，从而造成大量土地抛荒，加速了生态环境的恶化。[2] 王静忠等在《历史维度下河西走廊水资源利用管理探讨》一文中，通过对河西走廊近代水资源开发利用的历史回顾，分析了河西走廊三大流域水资源开发利用、管理运作以及社会经济发展的演变，对河西走廊历史上形成的“以时分水”的时间水权制，人类活动影响下各个流域水循环特征变化导致时间水权制度的失效，以及传统分水模式与现代水利制度对接的现实需求与可能等方面进行了重点探讨。作者认为通过历史时期河西走廊各个流域水利管理问题的研究，对于深入认识该地区水环境的演化，深刻理解水资源开发利用的现实内涵，科学制定传统水资源管理模式与现实发展要求对接的可行性方案具有重要意义。[3]

总之，目前学术界对于水利社会史的研究成果已经相当丰硕，研究相对集中于山陕地区和华南地区，研究视角呈现出多样性的特点。关于河西走廊水利社会史的研究目前虽已取得一定的成绩，但和其他区域相比，无论在数量上还是质量上都存在一定差距。另外在研究方法上，多学科的运用还欠缺，研究资料的局限性还较大，缺乏通过田

① 王培华：《清代河西走廊的水利纷争及其原因——黑河、石羊河流域水利纠纷的个案考察》，《清史研究》2004 年第 2 期。

② 潘春辉：《清代河西走廊水利开发与环境变迁》，《中国农史》2009 年第 4 期。

③ 王静忠等：《历史维度下河西走廊水资源利用管理探讨》，《南水北调与水利科技》2013 年第 11 卷第 1 期。

野调查获取的民间水利文献，具体讲有以下几点领域在河西走廊水利社会史的研究中还可以再开拓。

第一，在明清水利社会史的研究中，通过对水资源管理制度的生成机制、利益机制、调解机制、社会效力等的考察来分析探讨区域社会关系的互动演变是较有新意的研究领域。

第二，传统水资源管理往往被认为是一种民间自我主导型的管理方式，但这种认识并不全面。明清以来，随着水资源环境的衰变，国家通过赋税、规则认同、仲裁纠纷等途径实现了民间制度国家化的转变，水资源管理呈现出以国家为主导的双重管控局面，对明清以来水资源管理制度的解构有利于回答水资源供需矛盾中的制度制约因素。

第三，区域研究的不平衡性显著。从目前的研究看，山陕、华北、长江流域、华南等地区被较多地关注，而对于甘肃河西这样一个干旱的内陆河区域，研究起点还较低，研究成果也较零散，因此还有较大的研究空间。

三　研究内容和基本思路

本书研究内容涵盖六个方面的内容，第一章主要对河西走廊水资源的特点、表现以及利用方式进行介绍和阐述。首先，从特点看，河西走廊三大内流河均以祁连山冰川融水为水源总补给，因此，祁连山的冰川构成河西走廊人民生产生活之生命线。其次，河西走廊水资源分布十分不均，三大内陆河发源处水资源最丰但利用率不高，水资源总量较高，开发利用的程度却较低，各个流域上中游水资源量要大于下游地区。最后，在历史时期开发利用的过程中，因不合理和落后的生产生活方式，水资源的浪费量巨大。总体说来，在河西走廊的开发规模不断加大的背景下，因各种因素的胶合，水资源供给量远远不能满足需求量，水资源供需矛盾引发的社会问题日益突出。从水资源表现形式上看，主要表现为以河水、泉水和井水三种形式为主，其中河水利用率最大，泉水次之，井水在民国之前仅作为少量的生活用水补充，大规模的开采是中华人民共和国成立以后的事情了。本章还着重探讨了河西走廊湖区水资源退缩的情况，分析了其成因，以凸显该地区水资源生态环境的退化变迁。

第二章探讨了明清以来河西走廊水利灌溉的特点以及水利社会的类型。就其特点来说，该区首先表现为灌溉网系发达，历史时期就已形成渠、沟、岔等不同称谓的三级灌溉网系；其次，在灌溉制度上，“按粮均水”，分水论粮不论地，这是这里有限的水资源决定的。在水利社会类型上，本书将河西走廊界定为“内陆河雪源型水利社会”，这是因为河西走廊三大流域均属内流河，均发源于祁连山，由祁连山的冰雪融水形成。因之，祁连山的生态环境乃至整个区域的生态环境对水利社会的兴衰变迁产生了深远的意义。另外，河西走廊的灌溉制度也不同于其他类型的水利社会，表现为“论粮不论地”的特点，这是一种十分严格的配水制度，体现了当地人们对水资源的节约和珍视。河西走廊作为内陆河雪源型水利社会主要是从自然特征、灌溉制度以及生态环境对于水利社会兴衰的重要影响等方面而言的。

第三章分析探讨了明清以来河西走廊水资源管理的生成机制和水权控制。从生成机制考量，首先从国家和民间社会两个层面阐述分析了河西走廊水利社会形成的国家治理背景以及民间半自治性质的社会运行背景；其次，在此基础上从分水制度、水利管理阶层、水利工程、水利纠纷的处理、水信仰等方面分析了河西走廊民间水资源管理的特点。从水权控制看，首先是国家对水资源的控制，表现为国家具有兴治水利权、仲裁纠纷权、象征控制权；其次论述了民间水权控制圈，主要体现为上下游不同社会群体、民间水官、士绅以及乡村势力对水资源的控制。

第四章分析了明清以来河西走廊水资源供需矛盾的表现形式以及原因。历史时期的河西走廊，水资源供需矛盾表现为不同类型的水利纠纷，譬如有上游截水造成下游用水紧张导致的水利纠纷；因拦截私浇、偷挖渠道造成的水利纠纷；有水利设施失修、双方推诿造成的纠纷；有分水办法不合理造成的纠纷；有土地扩垦引用水源引起的纠纷；强势群体紊乱水规引发的纠纷等。河西走廊的用水矛盾从原因分析，一方面受制于自然条件之限制，比如水资源的季节性变化、戈壁荒漠的分布较广、气候干旱等；另一方面不断增加的人口和扩大的垦地，以及不合理的水资源利用方式使本来就有限的水资源更为不足，这些都是造成河西走廊水资源短缺的原因。

第五章对明清以来河西走廊用水矛盾背景下的社会控制类型进行分析研究。首先分析了民间非正式控制形式，涵盖了民间管水制度和运作机制，民间水利管理层等内容。其次，对民间非正式社会控制主体进行分析，一方面强势群体截流引水，破坏水规水约进而引发社会纠纷；另一方面用水利益受损方则通过申诉，借助官府的力量强化既有的分水规则，并以此来维护和稳定一以贯之的社会规则，从而确保各方利益不受到损害。最后对国家控制进行分析，国家通过水利开发的兴治权、民间分水规则的确认权、用水纠纷的仲裁权以及民间信仰的象征控制权对水利社会进行直接或间接控制。

第六章论述了民国时期水资源社会控制的演变以及水资源社会控制中国家无法应对的困局。进入民国以来，特别是国民政府时期，伴随着国家对西部，特别是河西地区的重视，来自国家层面的对河西走廊的开发曾一度形成热潮。国家从不同层面加大了对水资源的控制，力求通过资源整合的途径改善河西走廊水资源供需矛盾的状况，在这种战略下，河西走廊的水利事业发展取得了许多鲜为人知的成绩。但是由于国民政府时期，国家政权建设还处于起步和不稳定状态，致使理论上的真知灼见不能完全应用到实践中，加之军阀的长期混战和对基层社会的控制，河西走廊的水利建设并没有达到预期的目的，民间用水纠纷相较明清时期有过之而无不及，处理和解决办法依旧停留在旧规陈章上，水资源供需矛盾的社会问题依旧没有得到改观。

本书的基本思路是这样的：通过历史文本与田野考察的综合解读，借助“国家与社会”理论，以“明清以来河西走廊水资源供需矛盾与社会控制”为研究主线，运用相关理论进行综合和长时段整体性研究，研究目的是揭示明清以来水资源供需矛盾的成因以及水资源社会控制的演变过程，以期对当今河西走廊的社会经济发展提供经验与教训，并为今天的水资源管理和优化配置提供借鉴。在研究方法上，首先是历史文献法，通过对明清以来河西走廊不同时期的方志、档案、碑刻、家谱、时人文集等的充分搜集来构建研究之基础；其次是通过田野考察的方法，对河西内陆河流域绿洲灌溉区进行选点考察，在田野中感受历史文献与现实社会的交融，并对相关口述史料、庙宇碑刻、民间传说等进行搜集；最后是多学科交叉运用法，本书将运用历史学、水利学、历史地理学、人类学、社会学等多学科知识，较为完整地阐释和把握研究内容，力求使研究接近真实性、客观性和科学性。

第一章 河西走廊水资源特点、表现及利用形式

第一节 河西走廊水资源特点

一 河西走廊的地理范围

就地理范围而言，河西走廊有广义与狭义之分。广义上讲，河西走廊东起乌鞘岭，西至甘新交界，南为祁连山脉，北接腾格里沙漠、巴丹吉林沙漠，同时包括内蒙古阿拉善高原中西部在内的广大区域，面积大约40万平方公里。河西走廊从广义上讲也称河西地区，“甘肃省河西一词，原非固定之地理名词，而通常应用者，率指甘肃皋兰县以西至敦煌一带而言，因此区域位于黄河以西，故称河西”①。

狭义上的河西走廊，从地理范围看，“甘肃西部甘、凉、肃各地，因位于黄河以西，自古称为河西。地当蒙古高原与青藏高原之交，祁连、合黎两山南北并峙，中间平原低落，成一天然走廊，向为中原与西域交通之孔道，其地北临宁夏，南依青海，东南通关中，西北与新疆蒙古接壤，军事形势甚为重要”②。从行政区划上看，主要在今天甘肃境内，包括武威、金昌、张掖、酒泉、嘉峪关5市以及敦煌（县级市）、玉门（县级市）等在内的20个县（市区），面积大约27.6

① 张丕介等编：《甘肃河西荒地区域调查报告》，农林部垦务总局1942年编印，甘肃省图书馆西北文献部藏。

② 陈正祥撰：《河西走廊》，《地理学部丛刊第四号》，1943年，甘肃省图书馆西北文献部藏。

万平方公里。明末主事许论在《甘肃图论》中写道："尝考甘河西四郡，武帝辟以断匈奴右臂者。盖自兰为金城郡，过河历红城子、庄浪、镇羌、古浪六百余里至凉州武威郡。凉州之西历永昌、山丹四百余里至甘州，即汉张掖郡。甘州之西历高台、镇夷四百余里至肃州，为酒泉郡。肃州西出嘉峪关为瓜、沙、赤斤、苦峪以至哈密等处则皆敦煌郡地方。洪武五年（1372），宋国公冯胜下河西，乃以嘉峪关为限，遂弃敦煌为自。庄浪岐而南三百余里为西宁卫，古曰湟中。自凉州岐而北二百余里为镇番卫，古曰姑臧。此河西地形之大略也。"①上述描写基本反映了明代河西走廊的地理疆界，清代以后，"嘉峪关外西边鄙之地及敦煌全郡渐次开屯设卫。雍正初年，改为府州县厅，旋改肃州为直隶州，拨甘州之高台县隶焉。乃于哈密设兵驻防防守以固肃、甘藩篱，版章孔厚，规模宏远矣"②。

河西走廊介于南北两山（祁连山与合黎山）之间，南为祁连，山之南为青海高原；北为合黎龙首山，山北为蒙古沙漠。此两区域，即青海和内蒙古，为天然牧区，不适合农耕，只有走廊地带地势平坦、土壤匀细，受祁连山积雪之惠，成为水草丰美之地。所谓走廊地带，严格说则应以甘肃永登以西之乌鞘岭为东界，西至星星峡为终点，包括张掖、酒泉、敦煌、武威、山丹、高台、金塔、鼎新、玉门、临泽十大沃野。③本书的研究以狭义界定的范围为主。

二　河西走廊水资源的特点

（一）冰雪融水是河西走廊内陆河流域的主要补给

河西走廊气候干燥，雨量稀少，自东向西年雨量为200—50毫米（河西各地雨量见表1－1），农牧业生产生活不靠天雨，全赖祁连山

---

① 万历《肃镇华夷志》卷1《地理志》，《中国地方志集成·甘肃府县志辑》（48），凤凰出版社2008年影印版，第9页。

② 光绪《肃州新志·地理》，《中国地方志集成·甘肃府县志辑》（48），凤凰出版社2008年影印版，第456页。

③ 陈正祥：《河西走廊》，《地理学部丛刊第四号》，1943年，甘肃省图书馆西北文献部藏。

冰雪融水。祁连山山高气寒，纵山深谷，有广阔的天然林和草原，山上终年积雪形成冰川。冰川总面积达一千平方公里，冰层厚度在四十米到一百多米，储量共达三百亿立方米，山区降水量年近四百毫米。[①]河西冰川资源非常丰富，冰川总储量801亿立方米。每年补给河西走廊三大流域的融水量达10亿立方米。祁连山脉面积连绵广阔，水蒸气较为充足，为一天然大水库。每年夏季，千峰溶解，万壑争流，较大的山水有四十一条，出山峡后，分渠导引以资灌溉，因此，祁连山实为河西走廊命脉所在。

河西走廊的河流皆发源于祁连山，属于典型的内陆河，共分三大流域：石羊河流域、黑河流域、疏勒河流域。乌鞘岭以西，定羌庙以东的天祝、古浪、武威、民勤、永昌属于石羊河流域；定羌庙以西，嘉峪关以东的山丹、民乐、张掖、高台、酒泉、金塔、肃南属于黑河流域；嘉峪关以西的玉门、安西、敦煌、肃北、阿克塞属于疏勒河流域。

表1-1　　　　**河西各地之雨量（单位：mm）**

月份/地区	1月	2月	3月	4月	5月	6月	7月	8月	9月	10月	11月	12月	合计
张掖	1.1	3.7	2.0	2.2	4.2	10.8	23.1	27.1	14.4	0.7	4.9	1.0	95.2
酒泉	0.7	1.7	0.9	4.6	3.9	11.4	15.8	31.3	5.8	0.3	2.3	2.0	80.9
敦煌	1.7	0.0	0.1	1.7	4.3	9.9	5.7	20.0	2.8	0.1	0.1	0.1	46.4
安西	0.0	3.0	0.2	3.9	3.1	7.8	4.8	4.5	4.7	0.0	0.0	0.0	32.0

数据来源：陈正详：《河西走廊》，1943年11月刊行，甘肃省图书馆西北文献部。

通过表1-1可以看出，河西各地全年的降水量稀少，雨水量不能满足干旱地区的农业灌溉。但是，祁连山林区由于气候湿润，降雨量较其他地区丰沛，充足的雨水造就了祁连山丰富的冰雪资源，

① 《河西志》（上编），中共张掖地委秘书处1958年编印，甘肃省图书馆西北文献部藏。

林区又提供了优质的水源涵养地，成为河西走廊三大内陆河的发源地。总体来说，河西走廊水资源主要表现为冰雪融水，大气降水主要集中在祁连山区，山区的雨雪资源大部分转化为地表径流，成为内陆河的主要水源补给之一。除此之外，还有地下水，地下水是由地表径流下渗、雨水下渗、河床潜流等形成的，这些地下水大部分来自祁连山区的冰雪融水和雨水，地下水也是河西走廊三大流域的水源补给之一。地下水通常以泉水的形式表现出来，历史时期，河西地区的泉水资源是相当丰富的，成为河流下游的主要水源补给。地表水和地下水相互转化，在祁连山山前上游平原地带，地表水被引入渠道和田间作为灌溉资源，到了中下游泉水溢出地带，泉水作为灌溉资源被引用。河流中下游属于井泉、河流混合灌溉区，混灌区的灌溉回归水在下游再次溢出汇流成河，被再次引用灌溉。河西走廊特定的地理水文条件，对这里水资源总利用率的提高产生了积极的意义。在漫长的历史时期，河西走廊的水资源环境发生了巨大的变迁，森林、植被、土壤等生态环境遭到破坏，加之落后的生产生活条件，水资源浪费巨大，总量减少了，利用率十分低下，水资源供需矛盾成为突出的社会问题。

（二）水资源分布不均

由于特殊的地形地貌和水源补给形式，河西走廊各地水资源分布十分不均衡。历史时期，由于河西走廊特殊的战略地位，受到历代统治者的高度重视，不断的开发使人口与垦殖规模随之扩大，落后的生产生活方式，致使水资源不能有效合理被利用，水资源浪费巨大，供求矛盾突出，水利纠纷层出不穷。河西各流域，河水上游水势湍急，河底卵石滚动甚多，且落差很大，出峡谷后，落于平地，流经沙砾河床，逐渐渗漏至中游地区。河水流经下游，最终潴为硷水之湖泊。“流出祁连山的年总水量为78.55亿公方，泉水成流的水量为24.057亿公方，合计年流量为102.607亿公方。山水流出祁连山，许多主干和支干都经过长距离的沙石和漂砾层，在山内许多盆地又形成大面积的沼泽区和水湖，因此蒸发和渗漏损失很大”①。可以看出，祁连山出山水量并不代表河西走廊可以利用的水源。总体上说，河流上、中游水量较之下游要丰富。以石羊河流域的民勤灌区和武威灌区为例来说明这个问题，武威灌区位于石羊河中游，民勤灌区位于石羊河下游。汉占领河西后，南部绿洲（指武威地区）耕地面积逐步扩大，耕地面积的扩大必然减少北部绿洲（指民勤地区）的水量供给，从而影响北部绿洲的农业生产，并使绿洲南北两部分的农业生产形成不均衡的现象。南部绿洲地处石羊河中上游，水源充足，耕地面积不断扩大，农业生产稳步上升，人口大量增加，呈现一派兴旺景象。而北部绿洲由于水源不足，加上长期采樵和滥牧，破坏了绿洲边缘植被，引起荒漠化的发生和扩大，耕地面积逐步减少，农业生产也日趋衰退。水资源分布不均和荒漠化的加剧首先威胁到绿洲最北的武威县（汉代武威在民勤境内）以及河流下游湖泊休屠泽和潴野泽。这种威胁伴随着南部冲积扇的逐渐开发而日益严重，到晋代只好“省武威入姑臧”。水资源的不均直接影响了石羊河流域的行政建置。北魏时，在今民勤县城至沙井子之间设置的武安郡，到西魏时也废掉了。由于人与自然的矛盾与冲突，“自唐代始直讫朱明，历时750余年，北部民勤绿洲终因环境恶化，变成了驻兵戍守和军队屯田的地区，并未置县，农业生产遭到严重的破坏”②。

（三）水资源浪费严重

1. 灌溉方式落后导致浪费

祁连山北麓大小河流皆为积雪溶解后之山水，故水量之大小皆视融雪之多寡及融雪之时期而定。冬季山上积雪，因天寒不溶，或溶于山顶而不能下流，春季各河皆涓涓细流，不敷灌溉之用。至四五月间初次发水，量亦不大，秋初雪融水化，各河皆滔滔洪流，湍急奔放，

① 《河西志》（上编），中共张掖地委秘书处1958年编印，甘肃省图书馆西北文献部藏。

② 李玉寿、常厚春编著：《民勤县历史水利资料汇编》，民勤县水利志编辑室1989年，甘肃省图书馆西北文献部藏。

且携带泥沙石块，往往溃堤决防，渠道堵塞，破坏耕地，然此为全年中水量之最大时期，耕地浇灌以此时最为重要，等水灌足，则听其横溢，不再顾惜，浪费颇大。从灌溉方法上看，祁连山北之河西走廊地带，有一共同特点，即南高而北低，也就是说水源高而地低，因此在各河出山之处，开凿渠道，引入支渠（坝）进行灌溉，颇为便利。其渠道工程之大者，如“洪水河及黑河上游，往往在山中地下穿凿十余里乃至二十余里，号称暗渠，水流其中，携带泥沙乱石，沉淀后往往淤塞，因此需要年年清理，费工费时废料，人民负担无形增大。支渠工程较小，但淤塞同上”①。干渠之水到一定地点，分注于支渠，流入农田。

大水漫灌是河西走廊水利灌溉的普遍方式，这种方式不仅造成水资源浪费，而且也造成土地盐碱化。经济用水、合理灌溉可以有效防止灌溉土地上土壤次生盐渍化。在河西走廊，次生盐渍化的现象十分普遍，除自然条件和农业技术措施不当外，重要的原因之一就是灌溉用水过多，渠系及其建筑物的养护不良。过多的灌溉水量，并没有被农作物所利用，而成为地下水的补给来源，抬高了地下水位，地下水在土壤内或在其流动过程中溶解了土壤盐分。由于地下水位高，距离地表近，通过土壤毛细作用，将地下水带上地表，水分蒸发后，水中所溶解的有害盐分停留在地表，形成盐渍化土壤。轻者影响农作物的生长发育，降低产量，重者不能进行农业生产。

2. 水利设施老旧落后造成浪费

河西走廊农田全资灌溉，自汉以来，历代皆重水利。然而，在历史时期，河西沟渠建筑皆用本地疏松之沙石，渠道既宽，底墙不固，渗漏甚大。渠系及其建筑物的养护到位能节约很大数量的用水，相反如果养护不到位，就会造成水资源的浪费。为减少水量的损失，必须

① 张丕介等编：《甘肃河西荒地区域调查报告》，农林部垦务总局1942年编印，甘肃省图书馆西北文献部藏。

加强灌溉管理工作，渠系及其建筑物对水量的损失主要是渗漏，其中渠道的渗漏比重最大。正如文献记载道："各渠渠道多利用天然河沟，或利用大车路线，底宽而浅，土质且为砂砾，水面一宽，润边即长，蒸发渗漏之损失无形增加。"① 据民国时期甘肃省建设厅水利工程人员之估计，水量约有六分之五牺牲于沿途之渗漏，能用于实际灌溉者，不过六分之一而已。② 张掖县的明永渠，位于张掖西部，由黑河总口西干渠引水，该渠：

> 全长110华里，横跨明永、新民两乡，灌溉面积32030亩。干渠流经60华里的戈壁滩和沙漠洪水河床，没有固定渠身，特别由30华里的沙漠河道，宽达200公尺以上，渠水进口，沿河乱流。渗流、蒸发相当严重，水流一经该地即被戈壁沙漠所吞没，因此一般小水根本不能通过引入农田，这段渠上的十条支渠内有3条流经沙漠十华里，最短的也有2华里多长，这些支渠由于没有固定渠岸，每发一次洪水，即全部被冲没，每年要花二三千工，进行整修，严重地浪费着大量的人力和物力。③

据国民政府一份调查报告显示，张掖县的大官渠，渠道在黑河河身中，绵延四十公里，渠道中淤积卵石，厚达一米许。每遇河水暴涨，渠堤时被冲毁。下沤波渠两支渠，渠在河道中二十公里，每为卵石所淤塞。渠身经过敖河和洪水河时，系平交，故渠堤易为山洪冲毁。该渠一带荒地甚多，加之人少渠大，根本无力疏浚。龙首渠上段有洞子两处，穿过冲积层沙砾混合土中，因为渠身断面狭窄，坡度缓慢，极易淤塞。每年夏秋河水暴涨，时有淤塞之患，且渠身较高，水流不畅，灌溉时期常感水不覆用。巴吉渠渠口附近崖岸，被河水冲

---

① 《河西农田水利计划纲要》，1944年，甘肃省图书馆西北文献部馆藏。

② 张丕介等编：《甘肃河西荒地区域调查报告》，农林部垦务总局1942年编印，甘肃省图书馆西北文献部藏。

③ 张掖专署水利局编：《五十年代水利工作参考资料》，甘肃省图书馆西北文献部藏。

蚀，年有塌陷，渠尾入沙河渠下游，因居民太少，致荒地极多，渠水亦每多流失，无人利用。城北渠在黑河河身中三十公里，每年皆为洪水冲毁，渠身淤积沙砾厚达一米。小泉渠有一支渠，渠身、渠口为山洪冲断，致荒地五百亩。官嘴渠堤坍塌两处，渠水被阻，渠口分水坝被洪水冲毁，用散沙堆堤，放水时即有坍塌之可能。[①] 可以看出，民国时期，在张掖一带，绝大多数的渠道都存在渠道淤塞、水利设施老旧破坏等问题，造成了水资源的巨大浪费。

又如在民勤，“其境内多为砂砾、碱土和黄土层，这种土壤容易被风吹走，更容易被水冲没，沙质又容易沉淀河底，因此河底因沉淀而增高，河岸因水的冲刷和风的吹走，与河底成一水平面，当水流之时，任意泛滥，流入山中、沙漠中以及荒凉的野滩。水因渗透消耗的量也很大，由于水流没有正常的轨道，到处遇着阻碍，多废时日，因而把一部分水用于无用之地”[②]。另外，河西地方引渠灌溉，不能利用低水位之河流，故河床稍深之处，虽两岸有良好土地，亦不能利用。各渠渠口，多无坚固工程，没有闸坝等渠首工程以资控制，以至于用水纠纷频出。

3. 自然原因导致的浪费

河西走廊沙患、水患、风患现象十分严重。康熙时期，甘肃总督佛保在《筹边疏略》中针对民勤地方的边墙情况写道：“镇番沙碛卤湿，沿边墙垣随筑遂倾，难以修葺。今西北边墙半属沙淤，不能恃为险阻。惟有瞭望兵丁而已，红崖堡一带，康熙三十六年拨兵筑垒，颇似长城之制。至于东南边墙沙淤渺无形迹，其旧址犹存者止土脊耳。”[③] 军事边墙常常为风沙埋没是民勤地方自然环境的真实写照。在敦煌，“四时多风，风紧则春夏作冷，风狂则昼夜怒号，甚至五七

① 《开发甘肃农田水利三十三年度实施计划》，甘肃省图书馆西北文献部藏。

② 魏国礼：《地理环境对于建设民勤之影响》，《塞上春秋》1948 年 7 月 7 日刊，甘肃省图书馆西北文献部藏。

③ 李玉寿、常厚春编著：《民勤县历史水利资料汇编》，民勤县水利志编辑室 1989 年，甘肃省图书馆西北文献部藏。

日十余日不息，沙碛路迷，行人阻绝……”[①] 风沙严重，不仅灌溉渠道淤塞严重，而且经常会埋没田地，严重影响了农业生产。水冲沙压的土地普遍存在，“边壤沙碛过半，土脉肤浅，往往间年轮种且赋重，更名常亩且有水冲沙压者”[②]。河西的水患也十分严重。以镇番为例，史料记载，“镇邑十地九沙，水微则滞，水涨则溢。况河形东高西下，高者避之，下者就之。水之刷沙翻腾往往夺岸而直走西河者，其弊皆在于此。噫，以蕞尔一隅，沙漠丛杂，使河流顺轨，按时浇灌粪田犹不免荒芜，若屡经倒失，尚欲辟田野，广种植，沙卤之变为膏壤，讵可得耶”[③]。20 世纪 50 年代，在一份资料中讲到永昌县水源乡北地村，“是受风沙侵袭最严重的一个村子……解放前这村原有耕地面积 2800 亩，其中受风沙危害的农田竟达 1230 亩以上，庄户人家常是种上小麦被风沙打掉，又种上谷子，谷子打掉后又种上糜子，连种二、三次，结果收成还很少。每年因受风沙灾害损失的农田无法计算”[④]。

明清时期，河西一带水利技术十分落后，水患往往不能得以治理，水冲农田屋舍是十分普遍的事情，水资源得不到很好的利用，大片土地因此而荒芜。民国八年（1919），黑河泛涨，将张掖城南的马子渠河口冲断，“水不入洞者三年”，因为此渠地势甚高，穿山凿石，水始能入洞，自洞口至洞尾计有三十里远。淤塞冲崩后，“该渠户民日求引水而不得，遑论灌田。因此扶老携幼东迁西徙者十居八九”[⑤]。

在黑河流域，盐碱地广，开发难度大。雍正年间，专管张掖三清湾地方屯田事宜的慕国琠在《开垦屯田记》中讲到了土地开发利用过程中的诸多不利因素，这些问题也可以说反映了整个河西走廊农业发展在自然方面的限制与不利。如河西的盐碱地，开发难度很大，而

① 《边疆丛书甲六 · 敦煌随笔》卷 2《安西》，民国二十六年（1937）禹贡学会据传抄本印制，甘肃省图书馆西北文献部藏复本。

② 乾隆《武威县志》卷 1《地里志》，《五凉考治六德集全志智集》，成文出版社有限公司 1976 年版，第 32 页。

③ 光绪《镇番县志采访稿》卷 5《水利考》，甘肃省图书馆西北文献部藏。

④ 张掖专署林业局汇编：《五十年代林业工作参考资料》，甘肃省图书馆西北文献部藏。

⑤ 《甘州水利溯源》，甘肃省图书馆西北文献部藏。

较轻之处需水量则多，“县城南（张掖）二里外，绝无人烟，山皆沙积，地尽碱土不毛，计新垦三百余顷，其中上盖有土沙尺许，下系碱地，经水则碱气泛上不能播种者。有虽非碱地而土薄沙重者，有坚如石田难以锄犁号曰版土，即令加工耕种，一经水泡凝结如故不能秀发者，有碱气虽轻而需水较多于他地……经水低陷寻尺，土稀非晴晒数月不干，以故上干下湿，误入其中颇为费力”①。这说明，在河西走廊新辟土地并非易事，尤其盐碱之地，改良难度颇大，“新垦之土，纵苗穗茂发，一雨之后，碱气上升，遍地皆白，日色蒸晒，根烂苗枯，终于无成”②。在安西，“斥卤之地土性燥烈，若当春遇雨，碱气上蒸，土皮凝结，须重复笆犁，农工倍苦”③。河西走廊各地土性差异极其悬殊，即使同一田土之内，也是优劣不齐，从而增加了灌溉的难度，“浇水之法，全在验苗察土，各因其性，迟早有定候，多少有定准，稍不经意，则黍禾受伤，秀而不实者多矣”④。新垦之地，灌溉之法尤其重要，地广水少，对水资源的消耗也颇大，“开垦新地例先泡水，候碱气入地，伺土性将干，然后摆簦播种……逭苗长四五寸许，土干成列，始行浇水名为头水，由是渐次浇灌至收成时，统浇不过五六次，而挨号轮时，先后有节，地广水少，每多争夺，至于秋水、冬水尤不可误，盖碱气性热，雪水性寒，经此可以消降”⑤。

4. 渠道开引布置不合理造成的浪费

河西走廊渠道开凿布置不尽科学合理，导致水资源的浪费和土地盐渍化加剧。武威有一渠道（武威西营儿河渠）可以代表河西走廊渠道的一般情形。这条渠是从石羊河中垒石为堰，抬高水位，引水开凿而成。水大时，由堰溢流，再大一些，即被冲毁，水退时再重新筑堰，造成水资源、人力、物力的巨大浪费。一般而言，河西走廊干渠

---

① 乾隆《甘州府志》，成文出版社有限公司 1976 年版，第 1521 页。

② 乾隆《甘州府志》，成文出版社有限公司 1976 年版，第 1521 页。

③ 《边疆丛书甲六·敦煌随笔》卷 2《安西》，民国二十六年（1937）禹贡学会据传抄本印制，甘肃省图书馆西北文献部藏复本。

④ 乾隆《甘州府志》，成文出版社有限公司 1976 年版，第 1522 页。

⑤ 乾隆《甘州府志》，成文出版社有限公司 1976 年版，第 1522 页。

开凿分两种情形，一种开干渠于灌区之上游，坡降适中，每隔相当距离，即有一支渠，支渠一般较地面为高。另一种开干渠于山坡之上，再盘旋而下。这种开渠引水有颇多缺点，一是进水不能受到节制，且不能得之以时。因为渠首与河床间，没有建立规定之高差，不足以资开凿。前述第一种开凿之法，支渠冲刷甚烈，毁地亦多，且对田地积水不能排除。第二种渠道直趋坡下，洪水流急，侵蚀两边土地。由干渠而支渠，洪水急湍，完全如失治之河道，使大量地表土流失，水资源大量浪费。

第二节　河西走廊水资源表现及开发利用形式

河西走廊属于内陆河流域，水资源有冰川融水、大气降水、地表水、地下水等不同形式。河西走廊气候干旱，降雨量稀少，蒸发量大，虽然祁连山区的大气降水转化为地表径流后，在一定程度上补给了雨水资源量，但相比丰富的祁连山冰川水资源，雨水对河西走廊农业社会的影响远不如冰川融水那样明显。河西走廊地下水资源来自祁连山冰雪融水，尽管地下水资源十分丰富，但因受制于低下的生产力水平，利用率并不高。因此，在河西走廊，冰川融水所形成的地表水成为流域内的主要水资源利用形式。由祁连山发脉而成的疏勒河、黑河、石羊河三大内流河水量稳定，年变化量不大，在干旱的河西走廊形成了天然的无水旱之虞的农业自然条件，成为哺育河西走廊的三条生命线，并由此形成了发达的绿洲灌溉农业。

在开发利用方面主要以河水灌溉为主，泉水、井水次之。如在张掖，乾隆《甘州府志》记载，“甘州水有三，一河水，即黑水、弱水、洪水等渠是也。一泉水，即童子寺泉、煖泉、东泉等渠是也。一山谷水，即阳化、虎喇孩等渠是也。冬多雪，夏多暑，雪融水泛，山水出，河水涨，泉脉亦饶，以是水至为良田，水涸为弃壤矣。唐李汉通，元刘恩先后开屯，全资灌溉。明巡抚都御使杨博、石茂华于左卫之慕化、梨园，右卫之小满、龙首、东泉、红沙、仁寿，中卫之鸣沙……山丹卫之树沟、白石崖等处悉力经营，淘成美利”①。又如山丹县，“邑近西疆，半皆沙漠，多瘠土而少沃壤，资灌溉之力居多。其水分为三，曰山水、曰渠水、曰泉水”②。

一　河水（雪水）利用

河西走廊全赖祁连山雪水以灌溉田亩，“雪水所流之处即人家稠密之区，以渠名为水名，化瘠土为沃土，较之东南各省浚泉开井，有时而涸者，其法更便，其利无穷也”③。张掖之黑河，安西之疏勒河，酒泉之讨来、红水二河，民勤、武威之石羊河等内陆河可谓“资万民之生计”，其中黑河最长，其名称亦最早，汉以后黑水称作羌谷水，至晋乃有黑水之名。黑河在山丹县境称为山丹河，在张掖称为张掖河，在临泽称为弱水，在高台、鼎新则称为黑河。

河西走廊的农田分山田、水田两种，山田靠天，水田靠山水河、泉水等灌溉。如“古邑（古浪县）山田间岁而耕，周礼所谓一易再易也。川田专望引灌，惟二煖泉坝，泉水浇注，最称沃壤。若三、四等坝，河流最远，稍旱即涸”④。在雨水稀少的河西，山田土壤最为贫瘠；泉水稳定，引灌的田地最肥沃；依赖河水浇灌的土地受到距河远近的因素影响，但引河灌溉是这里最常见的水资源利用形式，河西走廊素有“靠水不靠雨之口谈”⑤。职此之故，田赋的多寡唯赖山田、水田而划定，“山田赋轻，水田赋重，大抵下种一斗，粮如种数，至山地则不然。盖缘山土硗瘠，间岁一种，无水浇灌，又虑霜旱，不植

① 乾隆《甘州府志》卷6《水利》，《中国地方志集成·甘肃府县志辑》（44），凤凰出版社2008年影印版，第269页。

② 道光《山丹县志》卷5《五坝水利志》，成文出版社有限公司1970年版，第165页。

③ 《甘宁青史略副编》（10）卷2《山水调查记》，兰州俊华印书馆1936年版，甘肃省图书馆西北文献部藏。

④ 乾隆《古浪县志》卷4《地里志》，《五凉考治六德集全志义集》，成文出版社有限公司1976年版，第463页。

⑤ 《酒金水利案钞》（1938年），甘肃省图书馆西北文献部藏复本。

秋禾，故额赋悬殊。乃下坝之河源最远，易致歉收，而额赋列于水地，居民遂不无偏累矣”[1]。可以看出，水地的额赋由于没有考虑距河远近而一视同仁，导致赋税缴纳的不公平，“地瘠赋逋”的现象时有发生。为了缓解不均，不同性质的水地，受制不同的灌溉水例，如古浪县的古浪渠，“东则与土头坝合引之（古浪河），土门二坝东西沟、新河、王府合引之；西则包圮坝引之，四五坝合引之，三坝引之。西山坝地广高阜，别引柳条河山水灌田，雨少即涸，不与诸坝例，此古浪渠之大略也”[2]。西山坝，地广阜高，引水不便，遂别引柳条河山水，同属水地，西山坝不在古浪渠其他水地灌溉水例范围内，虽然如此，西山坝依旧按水地纳粮，苦乐不均的现象无法改变，如“（古浪县土门渠）新河、东沟两坝离河源渐远，地瘠赋逋，与古渠三、四坝同病”[3]。

在河水利用方面，除灌溉农田外，还利用水力转磨，“古浪有三渠，曰古浪渠、土门渠、大靖渠，皆赖水以转磨灌田也”[4]。平番县（今永登）水磨有“四百八十五盘，每盘每年征税银二钱五分，共银一百二十一两二钱五分”[5]。

在河西走廊，生态环境的改变，无疑对水资源产生巨大的影响。自明清以来，祁连山森林遭到了大量的砍伐，雪线逐渐升高。下降之雪因无森林阻滞，被风吹至山下，气候一暖，急遽融化，遂致暴流成灾。待春季农田最需之时，反而流细微弱，不敷使用。历史时期，河水资源呈现减少的趋势，以民勤为例，多处史料有所提及：

---

① 乾隆《古浪县志》卷4《地里志》，《五凉考治六德集全志义集》，成文出版社有限公司1976年版，第464页。

② 乾隆《古浪县志》卷4《地里志》，《五凉考治六德集全志义集》，成文出版社有限公司1976年版，第472页。

③ 乾隆《古浪县志》卷4《地里志》，《五凉考治六德集全志义集》，成文出版社有限公司1976年版，第473页。

④ 乾隆《古浪县志》卷4《地里志》，《五凉考治六德集全志义集》，成文出版社有限公司1976年版，第472页。

⑤ 乾隆《平番县志·地里志》，《五凉考治六德集全志忠集》，成文出版社有限公司1976年版，第576页。

本县位于沙漠，雨量罕见，谷物赖以生长者，皆为祁连山之雪水。近年以来，祁连山之积雪，因无森林之保护逐步减少，而垦荒者日益增多，来源细微，又复处处堵塞，故连年干旱，致一片膏沃之场，几成不毛之地。①

石羊河上游，原为红水、白塔、清水以及北沙、南沙、达达等诸河汇合而成，而此诸河之水，又多来自祁连山之积雪，以故此河水量之大小，全视祁连山每年积雪之多寡以为断。近年以来，雨量减少，祁连山原有之森林，砍伐殆尽，雪线逐年提高，以致水源日涸，水量日减，造成本县亘古未有之水荒，酿出人民聚众争水之惨剧。②

二　泉水利用

河西走廊有些地方，雪水灌溉因距离太远，加之受季节性限制，固常有不能到之处。河渠灌溉虽广，亦有不能溉之田，“穷乡僻壤为地所限，不能利益均沾”。而泉水“以补雪水、河渠之所不及”。河西各地之水利，以引用河水为主要来源，间用泉水，以敷不足。泉水亦为祁连山之雪水，从地中流出，其量不大。明清以来，由于森林植被的破坏，地下水逐渐下降，泉水资源也呈现退缩的局面。河西有些渠道，赖泉水为源，如张掖之仁寿渠、回回坝、草湖渠、山丹县之各渠、临泽县之九眼、五眼、双泉等渠，古浪之高崖泉、土门渠等，均以泉水为来源。民国以来，泉水量逐渐减少，如“回回坝左煖泉今已无存，其它各渠灌溉目数，亦不如以前之多，可见泉流已形淤塞”③。“酒泉之嘉峪关及鸳鸯湖，张掖之乌江堡，武威之黑

① 李玉寿、常厚春编著：《民勤县历史水利资料汇编》，民勤县水利志编辑室1989年，甘肃省图书馆西北文献部藏。

② 不速客：《民勤纵横谈》，《塞上春秋》民国三十一年（1942）7月第1卷第3期，甘肃省图书馆西北文献部藏。

③ 《河西农田水利计划纲要》，1944年，甘肃省图书馆西北文献部馆藏。

墨湖，皆有较稳之流量，但近年以山上雪少，水亦渐少。”① 清代的镇番县，“虽有九眼诸泉，势非渊渟，不足灌溉，惟恃大河一水，阖邑仰灌”②。说明明清时期，河西各地的泉水资源有限且呈现下降的趋势，利用率并不高。

河西走廊的泉眼虽然较多，但利用率低。由于河西走廊为内陆河流域，水无宣泄之处，故其地下水较浅，泉源亦旺，且到处有泉，无山水处大多以泉水来济困，山洼盆地之处，泉水更多，但这些泉水，年久失修，不能涌流，间有自行涌出者，因未开渠沟，任水漫流，造成浪费。以至于有源泉的地方，常常泥泞洼湿，不能引用以耕种。在一些地方，由于泉水不能得到很好的利用，以至于出现“因泉水不利于一、二私人，而暗行填塞者”③。

三 井水利用

河西地区井水利用可分为两种类型，一是“土井”，二是“镶井”。“土井”包括一般小土井和涝池。“土井”穿凿便宜，成本低，使用方便；“镶井”建造规模大，费时费力，且使用不便。井水利用在明清时期的河西走廊还不太普遍，当时虽已有斡杆之类用于汲水，但只限于家庭人畜饮用以及园蔬灌溉。古浪县当地居民将井水也称作“水头”，“分山口为四大水头，曰王家水、曰东西磘儿水、曰薛家水、曰打喇水，以水名实未有水也。……问诸土人，则曰山中得水为艰，幸掘井得泉，故谓之水头”④。当时，井水利用技术还较落后，使用并不普遍，明崇祯年间，古浪参戎王公任内，曾厢井修窖以便军

① 张丕介等编：《甘肃河西荒地区域调查报告》，农林部垦务总局1942年编印，甘肃省图书馆西北文献部藏。

② 乾隆《镇番县志》卷2《地里志》，《五凉考治六德集全志仁集》，《中国地方志集成·甘肃府县志辑》(43)，凤凰出版社2008年影印版，第38页。

③ （民国）江戎疆：《河西水系与水利建设》，《力行月刊》1943年第1期第8卷，甘肃省图书馆西北文献部藏。

④ 乾隆《古浪县志》卷4《地里志》，《五凉考治六德集全志义集》，成文出版社有限公司1976年版，第473页。

民用水，“城中日用之水搬运甚艰，厢井三眼引河水入聚，可备鲁患。夹山堡离水三十余里，往返劳苦，督修水窖三处，一遇雪雨，收藏可以足用”[①]。可见，厢井和修水窖都不是凿井。井水利用在清代已逐渐出现，如乾隆《五凉全志》载清初平番县凿井情形，“近来渐开，深可数十丈……诸村舍有掘地及泉数尺见井者”[②]。镇番县（民勤）“土薄水浅，东北西北掘井盈丈及泉，东南西南三尺及泉，城内七八尺及泉，其水之色味西北为上”[③]。但是，以水井灌溉农田真正普及起来是在民国以后，如民勤。自晚清以来，山水水源日益减少，人们开始注意到井水的使用，有些地区斡杆林立，井窟星罗。随着干旱的加剧，民国年间，这种以井灌溉田亩的方式迅速增长。民国二十二年（1933），牛厚泽任民勤县长，大力推进和扶持这种灌溉方式，最终演变为一种干旱农业区发展农业的辅助手段。20 世纪 80 年代以来，由于超采地下水，而地表水补给（指石羊河）不足，致使民勤地下水质急剧恶化，水质矿化度平均达 6 克/升以上，最高的地方达 16 克/升，已经远远超过了人畜饮用水矿化度临界值。适合饮用的淡水往往都在 250 米以下，有些地方的村社即使打到 300 米以下，也难以找到淡水。

第三节　历史时期河西走廊湖区水资源的退缩

一　历史时期河西湖区的生态环境

历史时期，河西走廊内流河湖区的生态环境是良好的，湖区生态环境的变化较为缓慢。民勤地区的潴野泽，源于河西走廊东端，是祁连山北麓石羊河的古终端湖泊。历史时期，曾湖水丰盈，水草丰美，

---

① 乾隆《古浪县志》卷 4《地里志》，《五凉考治六德集全志义集》，成文出版社有限公司 1976 年版，第 531 页。

② 乾隆《平番县志》卷 5《地里志》，《五凉考治六德集全志忠集》，成文出版社有限公司 1976 年版，第 536 页。

③ 乾隆《镇番县志》卷 4《山川》，《五凉考治六德集全志仁集》，成文出版社有限公司 1976 年版，第 247 页。

面积广大。谷水出姑臧南山，北至武威入海，届此水流两分，一水北入休屠泽，俗谓之西海；一水又东经一百五十里，入潴野，世谓之东海，通谓之都野矣。潴野泽的范围在历史记载中颇有争论，但大体来说应在今民勤县（包括汉武威县）东北，正如顾颉刚先生指出："潴野泽在今民勤县东北长城外……今名鱼海子，又名白亭海，即古休屠泽。或以为原湿即不专指一地，潴野亦非独谓一泽……潴是水所聚，《史记·夏本纪》作'都'，意义相像。"[①]

西汉以前，注入潴野泽的河流主要有古石羊河和金川河等，其时潴野泽分为东、西两部分，水域连成一体。根据李并成先生的考证，自然水系时代，古潴野泽的面积在540平方公里左右。[②] 西汉以来，石羊河绿洲经历了大规模的开发，湖区生态环境受到破坏，但变化较为缓慢。隋唐以来，潴野泽受到了人为活动的强烈干预，湖区面积不断缩小，分裂成数十个小湖，清初，最终只剩下一个青土湖，面积不到原来的百分之一。

历史时期，额济纳河的尾闾湖居延海也曾是水草丰美之地。东居延海（东海）"周约百五十市里，蒙民云为驼走一昼夜之程，水色碧绿鲜明，味咸，含大量盐碱，水中富鱼族，以鲫鱼最多。1943年春，开河时大风，鲫鱼随浪至海滩，水退时多留滩上干死。当时曾捡获干鱼数千斤，大者及斤。鸟类亦多，天鹅、大雁、鹳、水鸡、水鸭等栖息海滨或水面，千百成群，飞鸣戏泳，堪称奇观。开河时来，将封河时南返。……海滨密生芦草，粗如笔杆，高者及丈，能没驼上之人"[③]。西海在东海西约七十里，承受东西二河之水而成，规模较东海大，蒙古族民云，"当东海二倍，周约三百市里，水因含碱过重，其色青黑，距水滨十里，即为湿滩，人畜不能进，亦无草木，水味苦"[④]。上述记载为民国时期，

① 顾颉刚：《禹贡（注）》，《中国古代地理名著选读》第一辑，科学出版社1961年版。

② 李并成：《潴野泽及其历史变迁考》，《地理学报》1993年第1期。

③ 《居延海》，《中国地方志集成·甘肃府县志辑》（47），凤凰出版社2008年影印版，第508页。

④ 《居延海》，《中国地方志集成·甘肃府县志辑》（47），凤凰出版社2008年影印版，第508页。

可见，至民国时期，居延海的生态环境还是较好的。

二　人类活动对湖区生态环境的干预与破坏

（一）潴野泽、柳林湖

大量的移民和屯垦增加了对水资源量的需求。据《史记·平准书》记载，“初置张掖、酒泉郡，而上郡、朔方、西河、河西开田官，斥塞卒六十万戍田之”①。西汉平帝时，河西四郡的户数是：“武威郡户为七千五百八十一，口七万六千四百一十九；张掖郡户为二万四千三百五十二，口八万八千七百三十一；酒泉郡户为一万八千一百三十七，口七万六千七百二十六；敦煌郡户为一万一千二百，口三万八千三百三十五。四郡合计，户为七万一千二百七十，口为二十八万二百一十一。”② 这是《汉书·地理志》的河西人口数据，而根据刘光华先生的估算，西汉时期河西四郡人口数当远远高于这个数字。③

大量的移民改变了河西走廊的生态环境。汉代，武威郡下辖十个县，惯于农耕的内地移民将大片绿洲垦为农田。到西汉末年，仅石羊河流域的耕地面积就达60多万亩。然而，这一时期，石羊河被大量引水灌溉，使其自然平衡状态被打破，入湖水量急剧减少，古潴野泽的面积不断收缩。石羊河水系最为显著的变化就是先前连成一体的潴野泽已日益萎缩，并分化为两个互不相属的湖泊（东海和西海）。西海为昌宁湖的前身，汉代时的水域面积远大于明清两代，注入昌宁湖的有南来的古石羊北支和来自永昌的水磨川。

为了屯田开发，石羊河主流被大量筑堤引灌，古石羊北支水量锐减，东支（相当于近代民勤之东大河）逐渐成为石羊河的主流。东支主要注入东海，而西海渐趋萎缩。

---

① 《史记·平准书》卷30，中华书局1982年点校本，第1439页。

② 《汉书·地理志》卷28下，中华书局2007年点校本，第298页。

③ 武、昭、宣时期，除大量移民外，还有大量戍卒，移民与戍卒两项之和应在五十万上下，参见刘光华《汉武帝对河西的开发及其意义》，《兰州大学学报》（哲学社会科学版）1980年第2期。

历史时期，石羊河的变迁从未停止，到了唐代，潴野泽被分为许多小湖。随着人口的增长和耕地的扩大，灌溉用水需求增大，加之气候干旱，破坏植被引起的风沙壅塞湖区等因素，石羊河水系生态环境发生了很大的变化。东海和西海两大集水区，因注入水量减少而逐渐萎缩，分化成若干小湖。隋唐时期潴野泽已被称作白亭海，[①] 之后，白亭海面积不断缩小，继续分离出许多小型湖泊。地势稍高的地方逐渐成为沼泽和湖滩地，自隋唐以后，石羊河水流量迅速减小，河流分支增多，大部分的河道从长流水变为季节性间歇河，几乎每一支流的尾闾都在洪水期汇为大大小小，且季节变化明显的湖泊。[②] 唐初，石羊河下游绿洲地区曾设有武威县，仅 27 年后即被废弃。天宝十年（751），在白亭海附近的马城河东岸置白亭军，不久也荒废。由于人类对石羊河流域乃至整个河西地区生态环境的强烈干预，使得本就脆弱的石羊河流域的生态系统更为脆弱，沙漠化进程不断加剧。

明代的白亭海，五涧谷水仍流入其中，就其范围而言大约 30 公里。明代的镇番卫其水源出自凉州南境山中，两源东北流后合二为一，至镇番卫东南，然后东西流向至西长城断处，之后折向东北，蜿蜒三百余里汇为一大池，池周六十余里，此池即休屠泽，古称潴野。随着时间的推移，石羊河中上游人口日渐增多，垦地渐增，所以自元以后，下游地区水量日益微小，作为余水汇潴的白亭海逐年缩小，直至最后彻底干涸。

清代，石羊河水系的改变较以往任何朝代都要大。这一时期，终端湖继续分化为更多的小湖，还出现了许多灌渠和沟坝。就终端湖来说，乾隆时期，西海改称昌宁湖，“昌宁湖，县西一百二十里，中有昌宁堡。明万历中夷人青把都据此，后移龙首山。今（道光年间）

---

① 白亭海其名最早见于唐代史书，如《唐书》《通典》《元和郡县志》等。鉴于中宗嗣圣之前已有白亭一名出现，可以推断在此数十年之前即已有之。根据今人研究推断，白亭海自隋代就从潴野泽分离而出，因此，“白亭”之名隋代就已出现。

② 李玉寿、常厚春编著：《民勤县历史水利资料汇编》，民勤县水利志编辑室 1989 年，甘肃省图书馆西北文献部藏。

县民开垦移丘于此”[①]。道光时期，昌宁湖成为县民处理“开垦移丘”的场所，“移丘”则意味着在民勤沙漠化的不断扩大，人们不得不在湖区开垦土地。其时，湖区还多水草、杨树，“有昌宁湖，直永昌东北宁远堡北四十里，东至镇番界，多水草、杨木”[②]。到清末，“湖无来源，已就干涸，居民垦荒于此”。

清初，东海仍称白亭海，又名鱼海子，面积较汉代减少100平方公里，同样逐渐分化出众多小湖。在白亭海西南40公里处还有青土湖，据清乾隆时期记载，该湖位于“县东北二百里，在柳林湖中渠正北，涝则水草茂盛，屯户藉以刍牧，间有垦作屯田处”[③]。据考察，青土湖面积约为十万亩，已属干涸的湖盆洼地，湖水最后干涸的时间是20世纪50年代末。

石羊河下游的柳林湖也反映出明清以来该水系的剧烈变迁。柳林湖的变迁和国家在这里的屯垦移民有关。乾隆《武威县志》载：“武威左番右彝，前代寇掠频仍，屡为凋蔽，尝徙他处户口以实之，山陕客此者恒家焉，今生齿日繁。”[④] 武威县明洪武中，“户五千四百八十，口三万九千八百一十五；嘉庆中户二千六百九十三，口九千三百五十四；我朝（乾隆）于今在城居民户一万一千六百二十七，口二万七千五百三十；在野居民户三万八千二百三十八，口二十三万五千八百二十三”[⑤]。人口剧增，人地矛盾激化，导致凉州地区生态环境不断恶化。明嘉靖年间的民勤县共有3363人；清乾隆十三年（1748），增至40955人；道光五年（1825）再增至184542人，几乎相当于今日民勤的人口数。古浪县“正统中户一千二百二十，口三千

① 道光《镇番县志》卷4《水利图考》，成文出版社有限公司1970年版，第75页。

② 《清史稿·地理志》卷25，中华书局点校本1982年。

③ 乾隆《镇番县志》卷2《地里志》，《中国地方志集成·甘肃府县志辑》（43），凤凰出版社2008年影印版，第23页。

④ 乾隆《武威县志》卷1《地里志》，《五凉考治六德集全志智集》，成文出版社有限公司影印1976年版，第32页。

⑤ 乾隆《武威县志》卷1《地里志》，《五凉考治六德集全志智集》，成文出版社有限公司影印1976年版，第32页。

二十有六……今盛世（清初）滋生人定三千八百六十有三，口四万四百三十有六；乾隆十二年，户六千三百九十有三，口六万五千五百一十”[1]。人口压力造成了屯垦力度的大幅度提升，如民勤柳林湖本是水草丰美的湖泊沼泽之地，[2] 自清初以来，由于人口之压力，柳林湖被正式列为国家屯垦之地，雍正十二年开始屯垦，“划地二千四百九十八顷五十亩，以千字文编号，东渠地三十八号……每号二十户或十余户，每户地一顷，官给牛车、宅舍，银二十两，限五年节次扣还”[3]。清中叶以后，石羊河流域屯垦进入全盛期，北部绿洲缺水问题日益严重，位于绿洲北部的柳林湖几近枯竭，“水程窎远，不能下达，每岁十月后，上川闭口，洪波细流，俱入镇河，本境各坝冬水已毕，从东外河直抵柳林”[4]。这说明位于下游的柳林湖该用水时受上游限制而不能得水，不该用水时，却得大水，使之无法承受。可见，在用水上，不仅流域上下游，即便是本境内各坝区、湖区也存在用水矛盾。明末清初舆地学家顾祖禹对河西屯田规模有这样一个概括：“屯修于甘，四郡半给；屯修于甘凉，四郡粗给；屯修于四郡，则内地称甦矣。”[5] 清代以来，柳林湖区成为国家的纳税大户，上游以及湖区土地的开垦灌溉，造成湖水的大量减少，林木的大量砍伐造成湖水蓄水能力的急速降低，20 世纪 50 年代末，柳林湖逐渐缩小直至干涸而变为沙滩、碱盆。

---

① 乾隆《古浪县志》卷 4《地里志》，《五凉考治六德集全志义集》，成文出版社有限公司 1976 年版，第 463 页。

② 宋元之时，柳林湖及东西北边缘的刘家黑山、板滩井等以及一些更广阔的地方，皆称为湘泽、丽泽。根据字面含义，与当时这一带多水草与沼湖有关。到了明代，随着上游来水的不断减少以及当地地下水位的不断下降，小湖泊日见干涸，沼泽地板结为泛白的盐壳，游鳞雁阵不见了，原来翠绿的植被改换成了红柳、芦苇等干旱和半干旱性的植物，正因为植被换代的缘故，才导致柳林湖一名的出现。参见李玉寿、常厚春编著《民勤县历史水利资料汇编》，民勤县水利志编辑室 1989 年，甘肃省图书馆西北文献部藏。

③ 乾隆《镇番县志》卷 4《地里志》，《五凉考治六德集全志仁集》，成文出版社有限公司 1976 年版，第 229 页。

④ 道光《镇番县志》卷 4《水利图考》，成文出版社有限公司 1970 年版，第 217 页。

⑤ （清）顾祖禹撰，贺次君、施和君点校：《读史方舆纪要》卷 63，中华书局 2005 年点校本。

（二）居延海

居延海的干涸也和其上游对水资源的超量需求有关。居延海是黑河之尾闾湖。黑河流经下游额济纳旗境内，被称作额济纳河。额济纳河上源有二（东源与西源），皆出自祁连山北麓。东源即古弱水（黑河），又称羌谷水，因其流经张掖，又称张掖河、甘州河。因其上源水色黑，亦名黑河。东源自甘州城西南山中流出，河源出摆通河，经祁连山积雪消融，傍合黎山出羌谷口，北入亦集乃（居延海）之哈班、哈巴、喇失三海子（西北人称湖泊为海子）。[①] 因东源流经山丹，故亦将弱水称为山丹河。西源称为临水，源自酒泉南山，祁连山北麓，经酒泉西门外东北流。因其横过酒泉城北，又被称为北大河。至酒泉西北与洪水河相汇，即称为洪水坝河，北流至金塔城西，再东北流至营盘，与弱水（黑河）相汇。自营盘汇合后，被称作额济纳河，或昆都仑河。额济纳河至狼形山下分为东西两河，西河蒙名海图果勒，注入西居延海；东河蒙名莫那果勒，东北流，下游又分两支，正流注入西居延海，东流注入东居延海。汉武帝命强弩将军路博德筑遮虏障于居延泽上，元代称居延海为亦集乃湖，《重修肃州新志》，“居延海在镇夷城北千二百里，在沙碛外……古时分哈班、哈巴及喇失三海子”。民国时期，只分为东西二海子（又称东居延海和西居延海）。

汉武帝太初三年（前102），由于居延特殊的军事地位，国家派遣十八万屯田卒在居延、休屠一带屯田，且耕且戍，这是汉政府派驻这一带的最初经营者。居延屯田有两个田官区，“北部以甲渠塞、卅井塞和居延泽包围了居延屯田区；南部以肩水东西两部塞包围了驿马屯田区”[②]。居延屯田区在当时是河西屯田中，范围比较大的区域，据记载，驿马田官区在汉昭帝时期一次修治灌溉渠道中就动员了一千五百名屯田卒参加。可见，早在汉代，居延一带就被大规模开发，这是人类活动对这一带生态环境的较早干预。

---

① 《居延海》，《中国地方志集成·甘肃府县志辑》（47），凤凰出版社2008年影印版，第502页。

② 吴廷桢、郭厚安主编：《河西开发史》，甘肃教育出版社1996年版，第54页。

随着黑河流域的不断开发，居延海的水量变化受上游灌溉用水的影响越来越大。额济纳旗河上源之弱水、临水均发源祁连山中，“山丹、民乐、张掖、临泽、高台、酒泉、金塔、鼎新等县农业全赖弱水与临水灌溉，常苦水量不足。金、鼎二县，上游稍远离，缺水更甚，每致歉收。是以春播以后，额济纳河常常干涸……上游应用，自然无余水供下游额旗农垦”①。另外，额济纳河水量还受季节以及上、中游灌溉之变动而变动。“每年三月惊蛰后冰融，洪流挟巨冰而下，水量最大，称为春汛。此后，河西开始整地，预备播种，纷纷灌田，禾苗生出后，需水更多，下流水量因之减少。至五月间，常致干涸。七月中旬后，夏收始少灌田，且大雨时降，兼之盛夏融雪，故河水复涨。中秋后谷收毕，土地一部或立犁中荞麦蔬菜等，又需灌田，故下游水位降低……”② 1937 年，额济纳旗当地驻军在西海中下游营地，修筑营房，樵采青山头一带木材，为便利运送，在东海口做坝，以增西河水量而便于木排下行，西河经此一冲，河槽加深，水量增大，终年有水。而东河水量减少，且常年干枯。因河槽两岸，俱系流沙，东河中无水，河床逐渐被沙填塞，致河底日高，河水不易灌入。当时，西河“水深没牛，不易渡过；而东海竟干枯无水”③。随着上游来水量的减少，到了 20 世纪 50 年代，东、西居延海的水面分别减少约 35 平方公里和 267 平方公里，两个湖泊面积加速缩减乃至干涸，成为我国西北地区风沙源之一。

小　结

从类型来看，河西走廊当属内陆河雪源型水利社会。河西走廊不

① 《居延海》，《中国地方志集成·甘肃府县志辑》（47），凤凰出版社 2008 年影印版，第 613 页。

② 《居延海》，《中国地方志集成·甘肃府县志辑》（47），凤凰出版社 2008 年影印版，第 504 页。

③ 《居延海》，《中国地方志集成·甘肃府县志辑》（47），凤凰出版社 2008 年影印版，第 506 页。

同于其他类型的水利社会主要表现为以下几个方面。

一是河西走廊三大内陆河流域均以祁连山冰雪融水为补给。祁连山的雪水是形成河西走廊水利社会的前提。

二是生态环境的变迁对河西走廊水利社会的影响是巨大的。历史时期，河西走廊所形成的特殊的“按粮均水”分水制度凸显了水资源在供需方面的紧张关系，频繁的水利纠纷反映了水资源环境的退化和承载力的降低。

三是河西走廊属于典型的灌溉型绿洲农区，历史时期就形成了发达的灌溉网系和成熟的灌溉分水制度，但由于落后的生产方式和恶劣的生态环境，水资源利用率较低，浪费较大，这也是造成河西走廊水资源供需矛盾的因素之一。

四是历史时期河西走廊经历了数次来自国家层面的大规模开发，这对河西走廊水利社会的形成和发展起到了推进作用。但是伴随着人口的增长和土地的不断开辟，上中游水资源需求量不断加大，下游湖区生态环境逐渐恶化，湖水渐趋萎缩，上下游用水矛盾日益突出，生态环境恶性循环。

五是由于水资源承载力的不断降低，河西走廊成为用水矛盾极为突出的社会，水利纠纷的激烈程度可谓历史罕见。在这样一个背景下，自明清以来，国家的干预和控制相较其他类型的水利社会而言更为突出。特别是民国时期，随着边疆开发热潮的兴起，国家对社会渗透的广度和深度都达到了一个新的高度。因此，研究河西走廊水资源供需矛盾与社会控制这个问题，国家从来都不是一个可以忽略的因素。

第二章　明清时期河西走廊水利灌溉的特点和水利社会类型

第一节　明清时期河西走廊水利灌溉的特点

一　汉唐以来河西走廊的水利开发

自汉唐以来，河西走廊就得到了有效的开发，移民和屯田使地旷人稀的肥沃荒原迅速发展起来。大量的戍田卒兴修沟渠，引水灌田。据史载，早在汉代，在居延一带就有专门负责灌溉引水的“河渠卒”，所谓的“甲渠”“水门”“肩水”等名称都和渠道灌溉相关。额济纳河下游的居延北部屯田区，就是以古代的弱水灌溉田亩，“古代屯田者挖了若干沟渠以灌溉，其遗迹犹存”[①]。曹魏时期，徐邈曾担任凉州刺史，非常重视水利兴治，他发动民众，“广开水田，募贫民佃之”，开创了“家家丰足，仓库盈溢”的局面。曹魏时期，河西走廊的农业灌溉仍采取落后的“蓄水”灌溉法，这种方法既浪费水，还会造成土壤板结。皇甫隆治敦煌时，废除了灌溉“蓄水”法，推行了“衍灌”的技术，提高了农业生产效率。“衍灌”即是引水漫灌，虽然也不能有效节约水资源，但相比“蓄灌”却是一种进步，这种“衍灌”法在河西走廊一直延续到近现代。

唐代大力推行均田制，敦煌遗书记载户籍和田册的不少写本中都有水渠和斗堰的名称，反映了这里发达的灌溉网系。唐代敦煌的水

---

① 吴廷桢、郭厚安主编：《河西开发史》，甘肃教育出版社1996年版，第62页。

渠、斗堰、斗门等的建设水平已经达到了很高的水平，如西汉所建的马圈口堰，到唐代增大规模，“总开五门分水，以灌田亩”，灌溉效率大大提高，今党河引灌渠系的总分水闸就设在马圈口堰附近，足见汉唐敦煌水利建设之科学与合理。除了用以分水的堰坝斗门，敦煌还建有用以蓄水的拦河坝，如敦煌阶亭驿附近的长城堰，拦截苦水以作灌溉。据载，长城堰“高一丈五尺，长三丈，阔二丈。初唐时，屡建屡坏，终于在武周时由沙洲刺史建成”①。据《沙洲都督府图经》等文献记载，唐代，国家在敦煌进行了大规模的水利建设，“计有大小干支渠道九十余条，它们有机地构成完整的灌溉网系，滋育着绿洲的土地”②。敦煌最西部之宜秋渠，长 10 公里，在唐初时就在河两岸修建了长达 5 公里的护堤，堤坝高一丈，下阔一丈五尺，其遗迹至今可见。

大规模的水利灌溉必然离不开高度发达的水利管理，敦煌遗书中保存有《开元水部式》残卷，记载了唐代河西走廊的水利管理情况，其中对管水官吏的设置、各级渠道的灌溉次序、灌溉时间、斗门开闭时间、节水量、渠道维护等都有详细的说明。唐代的敦煌，每乡都有专设的若干渠头，还设有“浇田之时专知节水多少”的渠长和斗门长。管水人员对渠道的管理是通过斗门实现的。《水部式》规定，首先斗门皆由州县官员检查安置，不能私自建造。其次，国家重视对斗门的维护，一旦斗门或渠道毁坏，将会对农业生产造成不可估量的损失。因此，政府规定“每斗门置长一人，水槽处置二人，恒令巡行，若渠堰破坏，即用附近人修理”③。敦煌地区在唐代还有专门负责渠道维护的民间组织渠人社。为节约水资源，在引水灌田前必须对田亩的大小有准确的了解，“依次取用，水遍即令闭塞，务使均普，不得偏枯”。斗门由官府制造，一旦损坏，即由斗门长召集附近人修理，以避免对水资源的浪费和对庄稼田亩的破坏。《水部式》对渠堰如何

---

① 吴廷桢、郭厚安主编：《河西开发史》，甘肃教育出版社 1996 年版，第 227 页。
② 吴廷桢、郭厚安主编：《河西开发史》，甘肃教育出版社 1996 年版，第 225 页。
③ 吴廷桢、郭厚安主编：《河西开发史》，甘肃教育出版社 1996 年版，第 229 页。

维护也有明确规定，“计营顷亩，百姓均出人工，同修渠堰”。《水部式》反映了河西走廊水利管理体系的成熟。此外，河西走廊各地还根据当时的实际情形制定了更加具体的用水章程，如《唐代沙州敦煌县地方用水实施细则》，其中对干、支、子三级灌溉渠系的行水次序进行了规定，还对浇春水、浇场苗、重浇水等进行了具体规定，其灌溉原则以“均普”“适时”为原则。[①]《唐代沙州敦煌县地方用水实施细则》作为一部民间管水法制，与政府的规定具有同等的效力。

明清以来，河西走廊的水利建设承继了汉唐的遗风，继续向前推进，大大小小的渠坝遍及河西各地，在这些渠网上坐落着一片片肥美的沃野。水利管理方面，民间社会承揽了更多的职责，以古老相传的章程为准则，推进水利社会的运行和发展。

二　明清时期河西走廊水利灌溉的特点

河西的灌溉事业始于汉代，灌溉用水直接来源有三：河水、泉水、井水。三者当中，井水一般用于饮用，很少灌田。泉水灌田的情况也不少，但相较河水的普遍性来讲，还是比较有限，所以河西走廊灌田最重要的来源是河水。河西走廊较大的河川，均发源于祁连山中，“雪融下注，乃成河川，当其出山以后，人民即筑坝拦水，分引渠道，以资灌溉，渠长者百余里，短者十余里”[②]。可以看出，祁连山的消融雪水是河西走廊农业生产的命脉。河西内陆河各个流域内都有新的和古老的灌溉网，“水流大小总计 22 条，可以分为 6 个水系，即石羊河水系、西大河水系、黑河（额济纳）水系、白杨河水系、赤金河水系、疏勒河水系，其中以石羊河、黑河、疏勒河三个水系为最大”[③]。灌溉时间上看，每年约分春夏秋冬四期，三月初旬，河水

① 吴廷桢、郭厚安主编：《河西开发史》，甘肃教育出版社 1996 年版，第 230 页。

② 陈正祥撰：《河西走廊》，《地理学部丛刊第四号》，1943 年，甘肃省图书馆西北文献部藏。

③ 《甘肃省河西地区荒地资料汇编》，张掖专员公署农垦局 1958 年翻印，甘肃省图书馆西北文献部藏。

解冻，清明开始播种，农民可任意浇水，谓之“春水”。立夏正式分水，县府亲临，慎重行事。分水以后，农民可按例浇灌，是为“夏水”。秋间作物收获完毕，各户引水浇田，以资春耕，直至初冬河水结冰，始行停浇，白露至寒露所浇者为“秋水”。寒露以后封冻以前所浇者为“冬水”。冬水灌田，旋即冰冻，等来春融化，其土自松，略事耕耘即可下种。农作期间，共需浇水四五次，每次相隔十五日至二十日，缺水之处，不及二次。其灌溉特点表现为以下几方面。

（一）渠、岔、沟或渠、岔、号等不同称谓的灌溉网

河西走廊每个水系都形成三级灌溉网，称谓因地略有不同。比如民勤地方，其主要河流为石羊大河，“境内有十五渠，渠下又分若干岔，岔下又分若干沟。石羊河自武威北流入境内后，即分头坝、大二坝、更名坝、下四坝、三坝、四坝、五坝、六坝、红沙梁渠、千一粮渠、外渠、西渠、中渠、东渠等十四渠，更于渠（坝）之下分岔，岔下分沟，沟下还有小沟，大体形成三大灌溉网系。凡各渠如岔如沟等之水期，均依其各处土壤、地址之特性，按照全年时间，予以平均适当之分配，依次浇灌，不得有违陈规，世世代代如此”①。民勤县的柳林湖，雍正十二年（1734），部堂蒋题准屯垦，鼓励屯垦的措施是“浚五百九十八顷五十亩，以千字文编号，东渠地三十八号，西渠地二十四号，中渠地四十四号，外西渠红沙梁红柳园共地二十七号，共编号一百三十三，每号二十户或十余户，每户地一顷，官给牛车宅舍银二十两，限五年节次扣还，未至五年，奉旨豁免”②。从清代民勤柳林湖的资料可以看出，这里的灌溉系统是渠下设号，而同号的农户共用一个沟渠的水源。

武威、古浪等地也都是渠、坝、沟（畦）三级灌溉系统，如黄羊渠，“源在张义堡山，流出黄山内坝，二十一昼夜浇水一轮，营田起

① 李玉寿、常厚春编著：《民勤县历史水利资料汇编》，民勤县水利志编辑室 1989 年，甘肃省图书馆西北文献部藏。

② 乾隆《镇番县志》卷 2《地里志》，《中国地方志集成·甘肃府县志辑》（43），凤凰出版社 2008 年影印版，第 25 页。

至水硖口界止，计程一十五里，自水硖口起东边分头、二、三、四、五、六坝，每坝地界大小不同，或分上、中、下三畦，或分上、下两畦；西边分缠山沟、黄小七坝、黄大七坝，外有黄双塔下五坝，水在古浪安远驿发源，水例俱由上至下，各沟浇水自下而上”[①]。古浪县土门渠的煖泉坝，“合上下教场二沟为一坝，渠口阔四尺五寸五分，下教场沟渠口一尺”[②]。再如，临泽县小新渠分上下两号，在上者上小新渠，在下者下小新渠。另外，我们也能从水利管理中了解到这里的灌溉网系，查阅民国时期民勤的水利管理资料可以看到，全县将渠道根据灌溉面积大小、属沟数目及水粮额多寡总分为甲乙丙丁等四个等级，“甲乙丙等渠，各置渠务所，设渠长一人，副渠长一人，干事一人至三人。丁等渠设渠长一人，副渠长一人，渠丁一人。上坝渠分黑山、重兴二岔；大坝渠分上、东、西等三岔……各渠不属于岔之沟，直属于渠；岔设岔长一人，副岔长一人；沟设沟长一人，副沟长一人；岔沟之较小者，不得置副”[③]。

黑河流域的高台县也是渠、岔、号三级灌溉系统或渠、号二级灌溉系统，黑河经抚彝（临泽县）流入高台县境，引水灌田之渠有丰稔渠、站家渠、三清渠、柔远渠，此四渠渠口皆在抚彝境内，“丰稔渠在县城南数里，渠口在抚彝县属平川堡起，至川新堡止长六十里，浇田二百一十五顷二十八亩，分岔二，有上中下五大号，每逢干旱，在各渠巡河取水。……三清渠在县城东南一十五里，雍正十一年开渠道，自抚彝县属鸭子渠地方起至屯地止长一万六千二百丈计九十里，因渠口开在抚境，交涉极多，费款甚钜，每年秋夏间灌溉不足，内分仁、义、智、信、成、南岔上、南岔下七号，子渠四道，水规按十一昼夜轮……柔远渠在县城西南一十里，渠口自抚彝

① 乾隆《武威县志》卷1《地里志》，《五凉考治六德集全志智集》，成文出版社有限公司1976年版，第46页。

② 民国《古浪县志》卷2《渠坝水利碑文》，河西印制局印制1940年，甘肃省图书馆西北文献部藏复本。

③ 李玉寿、常厚春编著：《民勤县历史水利资料汇编》，民勤县水利志编辑室1989年，甘肃省图书馆藏。

县属新田堡起至红泥河止内分元、亨、利、贞四号，向例岁逢芒种前十日毛目县巡河闭水，惟柔远、三清两渠例不闭口。纳凌渠在县城南百步靠……始于明天顺间开设，清嘉庆间渠水淤塞，浇灌不足又开一口，水势渐大，足资灌溉，分岔四，有上中下三号，按出夫多寡使水，定期十日一轮……”①

值得一提的是，河西一些地方的编户也以灌溉渠系为统计依据，比如武威，清代这里的保甲系统就是以渠系来划分，“武威四郡分为六渠，金渠、大渠、永渠、棒渠、怀渠、黄渠，每渠分为十坝，六渠各坝共计一万一千一百六十八庄，本城五所四关厢共计九千一百八家，城乡总计二百一十一甲，二万零二千七百六牌，渠俱按庄，城关按家，共编册二万零二百七十六页。每甲标发更签一枝，共计更签二百一十一枝”②。

（二）“按地载粮，按粮均水”的分水制度

在灌溉管理方面，由于人口的增多，垦地的扩大，水资源日趋珍贵，为避免争水，以达公允均平，河西各地都制定有甚为严格的分水制度，规矩至严，“按地载粮，按粮均水，依成规以立铁案，法成善哉，间有不平之鸣、曲直据此而判……息事宁人，贻乐利于无穷矣”③。民间用水章程受到了官方的认可，历朝政府为其立碑管理。据乾隆《五凉考治六德集全志义集》对古浪县灌溉管理的记载，可以对当时河西的灌溉用水有一个初步的了解，见表2－1。

表2－1　**古浪县古浪渠各坝灌溉水例**

煖泉坝	煖泉沟：四百零九个时，使水花户五十一户，渠水长十八里，阔七里
	板槽沟：额水三百二十六个时，使水花户三十四户，渠水长七里，阔五里

① 民国《高台县志》卷1《水利》，《中国地方志集成·甘肃府县志辑》（47），凤凰出版社2008年影印版，第41—44页。

② 乾隆《武威县志》卷1《地里志》，《五凉考治六德集全志智集》，成文出版社有限公司1976年版，第32页。

③ 乾隆《古浪县志》卷4《地里志》，《五凉考治六德集全志义集》，成文出版社有限公司1976年版，第479页。

续表

长流坝	（缠山仰沟，行水艰难，架设木槽引水）木槽底帮高四寸，帮底宽二尺八寸。额水粮二百九十石，草随粮数。额正润水三百五十五个时，使水花户五十八户
头坝	渠口阔七尺，因田地窎远，外让加润沟闸口一尺八寸；额征水粮三百五十石零，草随粮数。额水四百余时。使水花户五十余户。渠水长一十八里
三坝	渠口阔七尺二寸，深浅随水低昂。额粮六百六十四石二斗四升，草随粮数。额水七百一十四个时。使水花户一百余户。渠水长五十五里
四坝	渠口闸阔五尺五寸八分零，深浅随水低昂。额粮五百五十八石，草随粮数。额水六百八十一个时。使水花户五十九户。渠长六十里
上下五坝	渠口闸阔四尺四寸四分，深浅随水低昂。额粮四百四十四石三斗三升，草随粮数。额水六百五十二个时。使水花户一百二十户。渠水长五十里
包圮坝	渠口闸阔三尺八寸五分六厘，深浅随水低昂。额水粮三百八十五石六斗二合，草随粮数。额正润水三百二十八个时。使水花户八十四户。渠水长三十五里
西山坝	引柳条河水灌田，雨少即涸，并无闸口时刻

资料来源：乾隆《古浪县志》卷4《地里志》部分史料整理，《五凉考治六德集全志义集》，成文出版社有限公司1976年版。

从表2－1可以看出，河西走廊灌溉管理制度严密，各坝各沟用水以纳粮数为准，有固定的用水花户和额水量。灌溉蓄泄之方式甚严，在挑挖渠道上也是“按粮派夫”，尽量做到用水分水和水利劳动派出人员上公平，“渠口有大小，闸压有分寸，轮浇有次第，期限有时刻，务必分水能够合理公平。盛夏水涨，或闸坝坍断，（水官）应负巡查修筑之责。冬日风多，或风沙淤塞，又需加以挑浚。分工合作，按粮派夫，历代相传”①。尽管如此，传统的分水管理办法依然有诸多缺陷，如上游用水有余，则多放纵田间路左，任其漫溢。而下游望水，反而不能多得，故上下游频繁发生用水纠纷。当其缺水时期，则“水贵胜于黄金，农民强截取水”，致使水利案件频出，社会矛盾激化。

① 陈正祥撰：《河西走廊》，《地理学部丛刊第四号》，1943年，甘肃省图书馆西北文献部藏。

在山丹县，“其坝分为五，曰草湖渠分十三坝，曰煖泉渠分五闸，曰东中渠兼东山、西山等九渠，曰童子渠兼无虞、义得等五渠，曰慕化渠兼大小慕化四渠，支分派别，可以资合邑之灌溉焉。乃于开渠杜坝之时，每因多争一勺，竟至讼起百端，罗致多人，屡日难决，好事者流从中渔利，雀鼠之争竟同蛮触斗利也。兹仿照旧日区分之规，因粮均水，因水均时，绘为图式，著明额粮原数，浇水定时，俾编氓鳞次序灌，争端悉泯。自水利可以均沾，而争讼从此衰息”①。可以看出，“按粮均水，因水均时”是平息用水争端的主要方法。为了节约有限的灌溉水源，尽可能做到公平，在制定分水规则上，对于浇灌时程、闸口宽度等都做到精细规定。如在浇灌时程上，“每粮一石，头、二两轮安种水以五寸香时行使；头、二两轮冬水以七寸香时行使，自下而上浇灌。每年冰水自惊蛰起至清明至上三坝按粮应使全河水五昼夜，下五闸按粮应使全河水二十五昼夜”②。表 2－2 是山丹县煖泉渠各闸坝按粮制定的分水闸口宽度。

表 2－2　**山丹县煖泉渠按粮均水闸口宽度**

闸坝名称	纳粮额	闸口宽度
煖头闸	五百六石二斗五升一合三勺	七尺八寸
煖二闸	五百三十石四斗五升	八尺二寸五分
煖三闸	五百一十六石七斗八升四合	七尺九寸五分
煖四闸	五百三十三石一斗九升八合	八尺二寸五分
煖五闸	四百七十四石六斗六升三合三勺	七尺八寸
边山小沟子	四十四石六斗	一尺一寸

资料来源：（清）黄璟、朱逊志等纂修：道光《山丹县志》卷 5《五坝水利志》部分史料整理，成文出版社有限公司 1970 年版。

在缺水的镇番县（今民勤县），同样是采取按粮分水的原则。镇

① 道光《山丹县志》卷 5《五坝水利志》，成文出版社有限公司 1970 年版，第 166 页。
② 道光《山丹县志》卷 5《五坝水利志》，成文出版社有限公司 1970 年版，第 177 页。

番水源有二，一发于武威县之石羊河，一发于武威高沟堡之洪水河。石羊河东收清水、白塔，西收南北沙河各余流，汇入东北洪水河，自东向西，抵达镇番县之蔡旗堡南，二河合二为一，向北流入镇番，称为大河。“分上下坝，俱仰灌于大河。各坝照粮分水，遵县红牌，额定昼夜时刻，自下而上轮流浇灌。先四坝，居大河之尾，离河口百里迤东为外河，乃柳林湖水路。通长三十里，属沟三十二道，渠口四，三坝与五六两坝俱统其中，按粮共额水十二昼夜零时八个为一牌。”①镇番大河就是指今天的石羊河，灌溉时自四坝尾至四坝渠口南北直计通常十五公里，三、五、六等坝和四坝东西相连，因此各坝水额俱统于四坝中。四坝西五里为新河，红沙堡一带居四坝之末，之前经常受到沙患的困扰，旧坝水多淤塞，不能直达红沙堡，因此截留大河一部分水，另立新河，“其水时仍统在四坝一十二昼夜内”。由四坝口上十里为小二坝，“通长三十里，属沟一十五道，渠口二，按粮额水五昼夜零时四个为一牌。由小二坝上六里许，为更名坝，通长十余里，属沟三道，渠口二，按粮额水二昼夜零时六个为一牌。由更名坝口上十里为大二坝，通长三十里，属沟二十七道，渠口二，按粮额水九昼夜零时十个为一牌……”② 由以上史料可以看出，清代镇番县呈现出坝、沟、渠这样的灌溉渠系，自下而上，按粮额水，有水源淤塞之地，则需重新截留，另立河道，所有大大小小的渠坝都制定有详细的水额。渠口水闸一般是“闭此开彼”，按牌轮流。由于镇番县沙患较为严重，因此这种按粮分水制度也不是绝对的公平，比如头坝，沟渠多沙患按粮限定分水时刻反致灌溉不敷，为弥补水分水不均的缺陷，故“相互酌济，不拘夏秋，分大、二、四各坝之水而为一，常行渠口，例不再分昼夜时刻。其应分二昼夜零时二刻之水，仍照大、二、四各坝粮数多寡，按时均添于各坝中。盖以应得之时刻而易为常行，

---

① 乾隆《镇番县志》卷2《地里志》，《中国地方志集成·甘肃府县志辑》（43），凤凰出版社2008年影印版，第36页。

② 乾隆《镇番县志》卷2《地里志》，《中国地方志集成·甘肃府县志辑》（43），凤凰出版社2008年影印版，第37页。

亦因地变通之法也”[①]。

（三）定赋轻重率以籽种多寡为依据

在河西走廊，祁连山水源灌溉是农业的命脉，无水则无粮。以清代的镇番县为例，镇番县田亩按旧制在名义上分上中下之则，“然倾亩混淆，粮草徭役，民间率以土脉肥瘠、籽种多寡定赋轻重。盖缘沙广水微，变迁无常也”[②]。随着镇番县沙漠化的加剧，曾经的沃壤“忽成邱墟”，“一经沙过，土脉生冷，培粪数年方熟。又卤湿者，出苗不过籽种之二三。人每择种类之贱者布之，旱涝得宜，或有升斗之偿，不宜亦无寻丈之失。盖西北多流沙，东南多卤湿，俯念民瘼者，听民相地移邱，迨至移者成熟，民力已废，何以计顷亩哉”[③]。这就是说在镇番县这样的地方，沙多水少，土地肥瘠不均，按地亩纳粮几乎是不可能的事情。镇番县土地沃瘠与否除受到沙患影响外，水源的欠缺和不稳定也是重要制约因素。大河（石羊河）之水发源于武威，武威在上游，所以镇番之水乃武威分用之余流，遇山水（祁连山）充足，可照牌数（分水则例）轮流浇灌。一旦遭遇抗旱，武威居其上游，先行浇灌，下游水流则变得微细，特别是每年五六月间，镇番之水则不敷使用。另外，各个沟坝都存在不同程度的沙患，沙患较轻的沟道水可顺流，按牌浇灌。而沙患较重的沟道，一遇大风，一边挑挖一边覆盖淤塞，即使水能流入，也十分微细，很难按牌例分水。这种用水的欠缺与不均的确是自然原因为之，所谓“蕞尔一隅，草泽视粪田独广，沙卤较沃壤颇宽，皆以额粮正水且虑不敷，故不能多方灌溉”[④]。又如镇番县政府组织开垦的柳林屯田，自每年小雪后，水由

① 乾隆《镇番县志》卷2《地里志》，《中国地方志集成·甘肃府县志辑》（43），凤凰出版社2008年影印版，第37页。

② 乾隆《镇番县志》卷2《地里志》，《中国地方志集成·甘肃府县志辑》（43），凤凰出版社2008年影印版，第25页。

③ 乾隆《镇番县志》卷2《地里志》，《中国地方志集成·甘肃府县志辑》（43），凤凰出版社2008年影印版，第25页。

④ 乾隆《镇番县志》卷2《地里志》，《中国地方志集成·甘肃府县志辑》（43），凤凰出版社2008年影印版，第39页。

外河流入柳林湖，清明后湖水流入大河。这就会造成一些冬水还未浇灌，春水又接不上的屯地。水资源分配的不均与欠缺对明清以来镇番的灌溉产生了重要的影响。

再看古浪县的情况，古浪地处山谷，土地贫瘠，风沙较多。“平原之地，赖水灌溉……向例使水之家，但立水簿，开载额粮，暨用水时刻。如有坍塌淤塞，即据此以派修浚，无论绅衿士庶，俱按粮出夫，并无优免之例。”[①] 在古浪，其分水原则是“按粮摊水”，在派夫务工上也是依据“承粮”的原则。为了让渠民知晓分水制度，一般是在各分水渠口“俱立石碣，用垂久远，以防偏枯兼并之弊”[②]。通常石碑上镌刻有额粮、额水、分水渠口长宽等内容。例如，古浪渠的煖泉坝，合板槽、煖泉二沟为一坝，一个渠口，“板槽沟额粮二百三十五石零，煖泉坝额粮二百六十三石零。草随粮数。板槽沟额水三百二十六个时，煖泉沟额水四百零九个时。板槽沟使水花户三十四户，煖泉沟使水花户五十一户。板槽沟渠水……长十里，阔五里。煖泉坝渠水……长十八里，阔七里”[③]。古浪的分水制度和河西其他地区基本相似，其核心就是“按粮使水”，究其原因就是定赋额的轻重以地亩产量的多少为依据，而地亩粮食产量决定了其“使水”的多寡，在古浪“使水”的多寡通常以渠道的长短和渠口的大小来决定。虽然在河西分水制度至公至允，但是水利争端还是层出不穷，究其原因就是戈壁分布较广，沙患严重，水源分配不均，浪费巨大，地力沃瘠不一，水在这里起了至关重要的作用。在古浪，土地分为山田和水田，“山田赋轻，水田赋重。（水田）大抵下种一斗，粮如种数。山地则不然，盖缘山土硗瘠，间岁一种，无水浇灌，又虑霜旱，不植秋禾，故额赋悬殊”[④]。可见，土地的自然条件不同，导致赋额悬殊甚大。

---

① 乾隆《古浪县志》卷4《古浪水利图说》，《中国地方志集成·甘肃府县志辑》（38），凤凰出版社2008年影印版，第394页。

② 乾隆《古浪县志》卷4《古浪水利图说》，《中国地方志集成·甘肃府县志辑》（38），凤凰出版社2008年影印版，第394页。

③ 乾隆《古浪县志》卷4《古浪水利图说》，《中国地方志集成·甘肃府县志辑》（38），凤凰出版社2008年影印版，第394页。

④ 乾隆《古浪县志》卷4《古浪水利图说》，《中国地方志集成·甘肃府县志辑》（38），凤凰出版社2008年影印版，第384页。

（四）用水矛盾突出

由于河西走廊农业生产严重依赖祁连山雪水灌溉，水资源时间和空间上的不均以及其他各种影响因素导致水资源供给严重不足，历史时期这里的用水矛盾十分突出。比如清代黑河流域的张掖、临泽两县在用水问题上一直是矛盾重重。我们可以从乾隆、嘉庆两个时期两个案件来看两地用水矛盾。张掖县属江淮渠系取响山河之水，自南而北在沙河接济渠之上穿塔凳槽而行。临泽县沙河接济渠系取黑河之水，自东而西在江淮渠凳槽之下直流。各行各水两无干涉。乾隆四十二年（1777），张掖县江淮渠民王进贵等控告临泽县民于接济渠内“另开小沟以及水洞”“抢占水利”，经两地政府会审，“（接济渠民）并无在接济渠内另开小沟以及水洞形迹，亦无案件可凭。随即备叙历年断案详覆，蒙批如详转饬立案，仍令勒石存记，以垂久远”[①]。案件还未处理完结，张掖县江淮渠民王进贵等又赴县衙捏告，经地方政府会同提集两造人等审查，根据两造口供，确查历年水利情形并历年勘断案件，得出：

沙河接济渠在万历年间，该渠自备人工加增正粮，告开新渠，与江淮渠各有渠道，两不相涉，江淮渠所称在接济渠内留有小沟水道之处，遍查渠身即无沟道形迹，又无案卷可凭，自应钧断，未便翻案。其王进贵等藐视法纪，妄争水利，是以旋结旋捏，殊属刁徒……予以杖责示警……仍取具两造各使各水，遵依附卷，勒石存记。[②]

另一案件如下。黑河自南山（祁连山）发源，至莺落分为十二渠，东面盈科、大满、小满等六渠属张掖县农民灌溉之水，西面永利、大宫等四渠也属张掖县水道。只有明麦、沙河二渠系抚彝厅（今

① 民国《临泽县志》卷2《水利志》，成文出版社有限公司1976年版，第172页。
② 民国《临泽县志》卷2《水利志》，成文出版社有限公司1976年版，第173页。

临泽县）民人之灌渠。该十二渠由莺落崖下东西并列迎流，河身平坦，引水向来均匀。由于张掖县之马子渠坐落在东面各渠之尾，虽引水较细，亦照旧规顺其自然。嘉庆十六年（1811），张掖县东六渠农民借黑河东西崖土倒塌，妨碍灌溉之际，率农民齐集工夫，挖深沟一道，“计长八十余丈，挖出泥土顺推河中成坝，使水归入东六渠畅流，致西六渠水势细微”[①]，张掖、临泽两地遂发生了用水纠纷。经临泽农民控告，张掖县批饬“新沟一律填平，照依旧规分水”。张掖渠民并未遵照饬令填平新沟，临泽渠民继续上告，经两地政府会审，仍断令张掖渠民“填平新沟”。为督令张掖渠民执行，两地政府赴莺落崖“传集人夫督率填沟”。但是张掖渠民继续抗令“希图霸水，即复违断，向前拦阻填沟”，因其恃众抗官，将张掖案犯送省审办：

> 经本厅会同张掖县通禀批饬解犯赴省审办，尚无同谋纠众情事，审将徐得详……从宽发往新疆充军……该处十二渠仍断令各照旧规并列引水，嗣后均不得更改旧章，私开渠沟，以杜争端。[②]

在河西走廊，像张掖和临泽这样处于同一流域内时常发生用水矛盾的案例还有很多，所有的用水纠纷都需政府出面解决，说明传统的用水则例已经不能起到规范社会秩序的作用，这是明清以来河西走廊水利社会的一大特点。在第一个案件中，张掖县民无视地方政府判案，以明代万历年间接济渠为增加正粮而开挖的新渠为由，两次控告临泽接济渠民另开沟渠河水洞，万历年间开挖的沟渠已成定案，并不构成接济渠民违犯水规的事实。很明显，张掖渠民这样做还是为了争占灌溉水源，迫使临泽渠民堵塞渠口让出渠水。在第二个案件中，张掖渠民利用黑河两岸崖土坍塌之际，私开渠道，争占水利，致使临泽灌溉水源减少，这必然会使两地发生用水纠纷。值得注意的是，在上

① 民国《临泽县志》卷2《水利志》，成文出版社有限公司1976年版，第175页。

② 民国《临泽县志》卷2《水利志》，成文出版社有限公司1976年版，第175页。

述案例中，两地政府本着“照由旧章”的原则公允处理事件，但张掖渠民多次违抗政府饬令，以致案件难以迅速办结，甚至须送省审办，说明地方政府在处理水资源纠纷时，即使详查案宗，惩罚警戒，勒石存记，其权威性还是受到民间势力的挑战，民间势力往往较为强势。同时也说明，在河西走廊，在水资源争夺控制上民间力量在一定程度上制约了政府的权威。

第二节　雪源型水利社会的由来

河西地质干燥，雨量稀少，全赖河渠灌溉田地。据民国时期的统计，河西渠道“占甘肃全省三分之二”①，河西水利自古发达，自汉代时起，这里即大规模兴修水利。河西走廊三大水系均发源于祁连山，由积雪融化汇集而成，由于河西走廊内陆河的水源补给以雪水为主，似应属典型的内陆河雪源型水利社会。

河西走廊的灌溉河流源出祁连山，流经各个盆地而注入沙漠，这里气候干燥，农业耕种唯灌溉是赖，有水即有良田，无水即成沙漠。“昔人谓无弱水即无张掖，推而广之，亦可谓无雪水、无河渠，即无河西。”② 清代常钧在《敦煌随笔》中这样描写安西地区，“终岁雨泽颇少，雷亦稀闻，惟赖南山（祁连山）融雪汇合诸泉流入大河，分诸渠坝，引灌地亩，农人亦不以无雨为忧”③。范长江在河西走廊考察时，对这一点感悟颇深，他认为河西走廊是甘肃省内土地最肥沃的地方，“这里雨水稀少，却有雪山溶解的雪水，可资灌溉，致成异常宜于种植的地方，甘、凉、肃的主要出产是米……这在东南人士听起来多么诧异”④。

---

① 行政院新闻局编：《河西水利》，1947 年，甘肃省图书馆西北文献部藏。

② 陈正祥撰：《河西走廊》，《地理学部丛刊第四号》，1943 年，甘肃省图书馆西北文献部藏。

③ 《边疆丛书甲六·敦煌随笔》卷 2《安西》，民国二十六年（1937）禹贡学会据传抄本印制，甘肃省图书馆西北文献部藏复本。

④ 范长江：《中国的西北角》，新华出版社 1980 年版，第 43 页。

行龙在《从“治水社会”到“水利社会”》一文中，将“水利社会”界定为“以水利为中心延伸出来的区域性社会关系体系”[①]。对于水利社会的类型，行龙认为水资源类型的不同，其开发利用的方式、相对应的社会关系、社会结构、经济发展水平以及生态环境等也不尽相同。从类型学的角度出发，“将河流、泉水、山洪、湖水四种水源形态对应的区域社会初步称作为‘流域社会’、‘泉域社会’、‘洪灌社会’、‘湖域社会’”[②]。这样进行分类的目的是以此为工具，有利于对“水利社会”进行深入探讨。如果说以此为分类依据，那么河西走廊无疑应列入“流域型水利社会”。但是这样划分，还略显不足，原因有三。

一　祁连山冰雪融水是河西走廊生命线

河西走廊三大流域主要依靠祁连山冰雪融水作为河流补给，这就决定了祁连山雪水是河西走廊水利社会的生命之源。民国时期，江戎疆先生在考察河西水利时指出：“河西走廊气候干旱，全年雨量，尚不足一百公厘，农田灌溉，十分之八依靠祁连山雪水，仅靠一百公厘不足的降雨量，供给空气的蒸发量尚不足八倍有余，农业固万不能谈，连人也绝不能住下去，现在已至不足之雨量，来维持此最有名之塞上仓库，就可知道依以为生的是祁连山雪水。”[③] 河西走廊所有的绿洲都位于河流两岸，除此即为戈壁荒漠。因此，从水资源补给来看，河西走廊有别于其他类型的水利社会。对于祁连山冰雪融水是河西走廊生命线，古人早有深刻之体悟。

明嘉靖时期，甘肃巡抚陈棐称颂祁连山：“马上望祁连，连峰高插天，西走接嘉峪，凝素无青烟，对峰拱合黎，遥海瞰居延，四时积雪明，

① 行龙：《从“治水社会”到“水利社会”》，《读书》2004 年第 11 期。

② 行龙：《“水利社会史探源”——兼论以水位中心的山西社会》，《山西大学学报》（哲学社会科学版）2008 年第 1 期。

③ （民国）江戎疆：《河西水系与水利建设》，《力行月刊》1943 年第 1 期第 8 卷，甘肃省图书馆西北文献部藏。

六月飞霜寒，所喜炎阳会，雪消灌甫田，可以代雨泽，可以资流泉。”[①]

民国《高台县志》写道：“此山（祁连山）峰峦峻极，最高处约达二万尺，四时积雪盈岭，如银堆玉砌，望之皎然，盛夏冰消水灌黑河，利溥张抚高毛等县，山多野兽，草木繁茂，猎牧皆宜，矿产五金俱备，煤矿尤富。”[②]

道光《续修山丹县志》记载：“山（祁连山）则草木葱蔚，积雪最深，春夏融消，以资畜牧。水则群川分流，其源浩浩，引水灌田，居民利赖，岂犹是昔之障居延扼青海，徒矜雄镇而惧番部已哉。”[③]

乾隆《五凉全志》记载了马牙山（位于乌鞘岭）的积雪：“晶莹万丈屹奇哉，粉饰瑷妆总浪猜。马齿天成银作骨，龙鳞日积玉为胎。冰心不畏严威变，珠树偏从冷境栽。试问米家传巧笔，可能长夏会瑶台。”[④] 当地居民非常重视保护马牙山积雪，“马牙积雪松林，禁勿剪伐，以蕴其源。不惟红、苦诸堡取之不歇，即县北诸地用之裕，如此亦尽地力之一说也”[⑤]。

乾隆《甘州府志》载：“甘州水有三，一河水，即黑水、弱水、洪水等渠是也。一泉水，即童子寺泉、煖泉、东泉等渠是也。一山谷水，即阳化、虎喇孩等渠是也。冬多雪，夏多暑，雪融（祁连山冰雪）水泛，山水出，河水涨，泉脉亦饶，以是水至为良田，水涸为弃壤矣。唐李汉通，元刘恩先后开屯，全资灌溉。明巡抚都御使杨博、石茂华于左卫之慕化、梨园，右卫之小满、龙首、东泉、红沙、仁寿，中卫之鸣沙……山丹卫之树沟、白石崖等处悉力经营，

---

① 道光《续修山丹县志》卷10《艺文》，《中国地方志集成·甘肃府县志辑》（46），凤凰出版社2008年影印版，第512页。

② 民国《高台县志》卷1《舆地上》，《中国地方志集成·甘肃府县志辑》（47），凤凰出版社2008年影印版，第37页。

③ 道光《续修山丹县志》卷3《山川》，《中国地方志集成·甘肃府县志辑》（46），凤凰出版社2008年影印版，第77页。

④ 乾隆《平番县志·文艺志》，《五凉考治六德集全志忠集》卷4，成文出版社有限公司1976年版，第654页。

⑤ 乾隆《平番县志·地里志》，《五凉考治六德集全志忠集》卷4，成文出版社有限公司1976年版，第682页。

淘成美利。”①

二　生态环境对河西走廊灌溉的影响

历史时期，河西人民就认识到生态环境对农业生产的影响，尤其重视对水源涵养地生态的保护。可从如下几个方面得到印证。

第一，保护祁连山林木就是保护河西走廊之水源。

祁连山森林全系天然林，有南山、北山之分，南属青海，北属河西。据民国时期的统计，北麓最大林区计有永登之连城山，古浪之献花山，武威之红沟寺，山丹之南山，张掖弱水之龙首堡，临泽之梨园堡，高台之牙个郎家，酒泉之矛来泉等。所有河西走廊灌溉河流莫不发源于祁连山，而其唯一水源则为山上之积雪，而山上所以能积雪者，由于山中有繁茂之森林，因为有森林之故，雪水不至于发成山洪，淹没农田。因为有山中积雪，各地地下水位得以提高，故“祁连山之森林，不啻河西经济之命脉”②。

河西人民自古就对保护祁连山林木有深刻的认识，清代对入山采林之人数、时期、数额皆有严格限制。滥采盗罚，著为禁令。嘉庆时期，宁夏将军兼甘肃提督丰宁阿曾撰写《八宝山来脉说》，他认为八宝山（祁连山支脉）乃西凉甘肃四郡之镇山，永远禁止樵采，因为它攸关河西人民之生计。为了保护林木，苏宁阿下令“每树一株悬一铁牌，偷伐者与杀人同”③。民国初年仍沿用旧制，虽时有非法采伐，究属少数，故民国十五年（1926）、十六年（1927）以前，虽有旱灾，远不及后来之严重。民国十七年（1928）后，情形大变，地方驻军整年入山采伐，山中居民侧目而视，不敢阻止，地方政府亦限于权力，莫之奈何。不数年间，所有上述林区已被破坏无余，除悬崖峭

① 乾隆《甘州府志》卷6《水利》，《中国地方志集成·甘肃府县志辑》（44），凤凰出版社2008年影印版，第269页。

② 张丕介等编：《甘肃河西荒地区域调查报告》，农林部垦务总局1942年编印，甘肃省图书馆西北文献部藏。

③ 《甘州水利溯源》，甘肃省图书馆西北文献部藏。

壁及少数庙宇附近，几无林木之痕迹。昔日郁郁葱葱之祁连山北麓，一变而为濯濯童山，甚至入山数十里不见有天然林之踪迹。职是之故，祁连山融雪数量“亦有江河日下之势，空中湿度，一日益干燥”①，由于“砍伐濯濯”，导致“积雪失荫蔽，春暖则骤融骤泻，余水不能尽用。秋季用水之时而流量微弱”的局面。另外，雪线上升导致地下水位下降，人民欲利用掘井灌溉，亦极其不易。向之良田因缺水而荒芜，渐渐变为石田。又因水少而导致气候更加干燥，塞外流沙肆意南侵，遂使昔日之沃壤成为人兽绝迹之沙漠。由此可见，祁连山林木的保护对河西走廊水利社会是何其重要。

第二，地下水之丰盈度也依赖祁连山林木。

河西地下水的表现形式主要为泉水和井水。一般说来，水力之利用与农田之灌溉，以泉水为最佳，因为泉水之流量最为调匀，四季长流，涝不至于泛滥，旱不至于干枯，也容易为人工管理。河西走廊不乏泉水灌溉区域，但泉水利用主要视地下水位之高低，地下水的来源又视地表水渗透量之多寡。如果祁连山林木减少，所融之雪水与所降之雨水，多为地表水而流走，渗透量因之减少，势必影响泉水之灌溉。

第三，荒漠植被的保护是抵挡沙漠化的重要防线。

一方面，来自祁连山冰雪融水的内陆河对于河西走廊绿洲的形成起着至关重要的作用。另一方面，荒漠植被的保护对绿洲农业的良性发展也起着十分重要的作用。河西走廊除祁连山及少数灌溉沃野外，概属荒漠。植被绝少，河川或湖泊近旁间有白杨、梧桐之属，然因苦旱皆不成材。沙漠中之植被当以红柳、荆棘（骆驼刺）、枸杞、沙米、桦豆、芨芨草为主，红柳生长可以阻止沙丘迁移，即至流沙掩埋树干，仍能继续增高以露出沙面，于是红柳所在之处遂为沙丘累积停滞之处。历史时期，由于生产生活方式的制约，沙漠植被遭到了大量砍伐，致使河西走廊沙漠化进程不断加剧，而沙漠化对耕地和水源形

---

① （民国）江戎疆：《河西水系与水利建设》，《力行月刊》1943 年第 1 期第 8 卷，甘肃省图书馆西北文献部藏。

成了极大的破坏。众所周知，民勤一带沙漠化严重，即便是水利条件较好的张掖地区也存在同样的问题，在张掖“一般生长着芨芨草、甘草、滨草、马伴草、苦豆子等草类，这类地区部分虽可为牧场或宜于农作，但由于覆被植物多系草本及矮小的灌木，加以多年来人为破坏，形成为沙害的源泉，因此亟需造林封禁，以利农牧业的发展”①。李并成先生认为河西走廊是我国历史上生态环境变迁以及沙漠化发生的典型区域，“造成沙漠化的主要因素在于人，其中过度樵采破坏绿洲边缘沙漠植被，导致风沙活动活跃是其主要表现形式之一”②。沙压地亩只有林木可防，河西走廊的西、北两面，皆与大漠相连，因此沙漠内侵最为迅速和可怕，“良田美地，园囿村庄，大风起吹，计日之间，全覆黄沙，惟有植树，风力内吹，可以减少。黄沙内移，可以阻挡”③。可以说，保护荒漠植被和增加林木种植是河西走廊水利社会免受沙侵的关键。

第四，祁连山生态对河西牧区的影响。

河西走廊除了适合灌溉的绿洲沃野外，还有一些靠近山区的牧区。河西走廊的森林树木不仅影响这里的农业，同时也影响这里的牧业。如果林木减少，土地即会变得十分干燥，牧草因之不盛，“天苍苍，野茫茫，风吹草低见牛羊”的胜景将不复存在，严重影响牧民的生计。

三　河西走廊农耕区域特殊的灌溉分水制度

明清以来，河西走廊农耕区域形成了特殊的“按粮分水”灌溉制度，之所以“特殊”，和历史时期河西人口的增长有很大的关系。汉武帝驱逐匈奴，将河西纳入版图之后，开始在这里大规模开发，如筑长城、列亭障、置郡县并大量移民屯田。移民屯田，水利灌溉是先决

---

① 张掖专署林业局汇编：《50年代林业工作参考资料》，甘肃省图书馆西北文献部藏。

② 李并成：《河西走廊历史时期绿洲边缘荒漠植被破坏考》，《中国历史地理论丛》2003年第18卷第4辑。

③ 陈正祥撰：《河西走廊》，《地理学部丛刊第四号》，1943年，甘肃省图书馆西北文献部藏。

条件，只有水资源的供给量大于或等于农业发展的需求量时，水利社会才可能良性运转。人口增加是造成河西走廊水资源供需矛盾日益突出的主要因素。关于汉代河西的人口数量，学界目前有几种不同的说法，[①] 但可以肯定的是到西汉末年，这里的人口不下40万。明初，国家在河西进行卫所建置，一方面派驻重兵，另一方面大兴屯田。明初至永乐年间，在甘州（张掖）设置左、右、前、中、后五卫，在肃州（酒泉）设肃州卫，另外还有山丹卫、永昌卫、凉州（武威）卫、镇番（民勤）卫、镇夷（临泽）守御千户所。后又增设古浪和高台两个千户所。有明一代，河西共有十三个卫所。据推测，嘉靖以后河西人口不小于三十万。[②] 清代，河西版图扩大，人口在明代的基础上继续增长，至乾隆时，大约为七十万。清中期达九十万左右。[③] 从汉、明、清三代河西人口的变化，可以看出除明代因战乱人口有所回落外，河西的人口从总体上讲是呈上升趋势的。人口的增加、垦地的扩大，势必打破水资源的供需平衡。由于水资源短缺，河西灌溉分水实行特殊的“按粮配水”制度，渠口的大小是以缴纳田赋的多少而定。修浚河道是“按粮出夫”，各户也是按纳粮的多少来规定用水的时程，而与实际种植的地亩面积无关。如“古浪处在山谷，土瘠风高，其平原之地，赖水滋灌，各坝称利。向例使水之家，但立水簿，开载额粮暨用水时刻，如有坍塌淤塞，即据此以派修浚，无论绅衿士庶，据按粮出夫，并无优免之例”[④]。

---

① 齐成骏认为，河西移民的构成多为贫民、罪犯以及家属，人口大致在四十万以上，参见齐成骏《河西史研究》，甘肃教育出版社1989年版。高荣认为，西汉初年，河西人口大约为十二万，到西汉末年，已经达到五六十万之众，参见高荣《汉代河西人口蠡测》，《甘肃高师学报》2000年第1期。

② 按明制，一卫有5600军人，一千户所有1120军人。以此推算，永乐之前，河西十一卫所应有57120军人。但明初河西人口实有军额应当少于编制军额，因为河西地处边远，制度草创，不可能完全依制度来。按唐景绅的推算，到嘉靖以后河西人口不少于三十万，参见唐景绅《明清河西人口辨析》，《西北人口》1983年第1期。

③ 唐景绅：《明清河西人口辨析》，《西北人口》1983年第1期。

④ 乾隆《古浪县志》卷2《地里志》，《五凉考治六德集全志义集》，成文出版社有限公司1976年版，第474页。

另外，为了节约有限的水资源，无论绅衿士庶，都规定有严格的配水额。兹列举清末光绪年间酒泉洪水坝四闸水规来说明这个问题：酒泉洪水坝四闸绅耆、农约、士庶人等军兴以后每岁因争当渠长而兴讼不休，为什么要争当渠长？因为他们经常多占水时，从中取利。为此，四闸民众要求重立水规，定于每岁八月十五渠长散工下坝之后，同四闸民众齐赴总寨公所，公同交付本年水工茇茇账簿，由四闸民众公举正直数人，"接阅干坝水时、人工、茇茇账簿，清查户众误夫人工、茇茇，每工罚银三千六分，茇茇每斤罚银一钱。渠长、字识、夫头等应占水时外，间有润占水时者按工加倍清罚，并不照众户误工清罚，罚出钱项以为公用"[①]。各渠长、工头等应占水时见表2－3。

表2－3　**酒泉洪水四坝渠长等应占水时**

项目	水时
旧渠长春祭龙神	每人占水四分
渠长	每人占水二十八分
农约	每人占水一分
字识	每人占水四分
夫头	每人占水二分
庙内香火	占水九分
长夫	每人占水二分
厨夫	占水二分

资料来源：张丕介等编：《甘肃河西荒地区域调查报告》，农林部垦务总局1943年5月编印，甘肃省图书馆西北文献部藏。

表2－3是酒泉洪水坝四闸对渠长等水利管理层及寺庙香火的定额配水水规，反映了四闸民众节约灌溉用水，禁止渠长等私占水额的

① 张丕介等编：《甘肃河西荒地区域调查报告》，农林部垦务总局1942年编印，甘肃省图书馆西北文献部藏。

意图和举措。水规还对渠长的职责进行了规定，每年渠长必须更换闸椿两道，不得有名无实，“倘虚而不实，四闸众等每一道椿罚银十串文正，总要栋梁之材，不得以栋梁危坏。秋后散坝之日，用一看守，不得损坏，倘有损坏者，旧渠长陪换印红工簿一本，官称大小两杆……自十二年起每逢冬至挨次公举勿得徇情滥保，而偏党不公以碍水程农业，永远守而毋替”[①]。洪水坝四闸水规反映了河西走廊渠坝人民对权力阶层侵占水时的限制和制约，这是河西走廊水利社会灌溉分水一个显著特点。

河西走廊的东乐县（今民乐县）地处黑河流域，与山丹、张掖两县毗邻，根据清乾隆年间分水则例得知，山丹河东西泉两道合流一渠，截灌山丹、张掖及东乐，东乐县下有十八坝地亩，分为三段，自下而上浇灌。“每年自惊蛰起至清明寅时止，谓之闲水。清明至立冬后六日谓之正水。”[②] 首先，根据各坝不同的纳粮数，制定每坝不同时间的分水额是：“自惊蛰起至清明寅时止一月安种水，二十一坝起至十七坝止，应使东西两泉全河水一十一昼夜。十六坝起至十三坝止，应使东西两泉全河水六昼夜六时。十二坝起至十坝止，应使西泉全河折半河水一十二昼夜六时。六坝起至九坝止，应使东泉全河折半河水一十二昼夜六时。自清明卯时起至立冬六日止，分作七轮行使，每轮三十二天，自下而上轮流浇灌……”[③] 这是各坝每年不同时间的分水时刻。其次还规定有闸口宽度，如中闸位于十九坝“闸口宽三尺九寸”，左闸位于二十坝“闸口宽四尺二寸”，右闸位于十七坝“闸口宽三尺七寸”[④]。最后规定了浇水时长（水程），如“十六、十

① 张丕介等编：《甘肃河西荒地区域调查报告》，农林部垦务总局 1942 年编印，甘肃省图书馆西北文献部藏。

② 民国《东乐县志》卷 1《水利》，《中国地方志集成·甘肃府县志辑》（45），凤凰出版社 2008 年影印版，第 83 页。

③ 民国《东乐县志》卷 1《水利》，《中国地方志集成·甘肃府县志辑》（45），凤凰出版社 2008 年影印版，第 83 页。

④ 民国《东乐县志》卷 1《水利》，《中国地方志集成·甘肃府县志辑》（45），凤凰出版社 2008 年影印版，第 84 页。

九坝夜晚应香五时”，其中“十九坝三时七刻”“十六坝一时三刻”①。这个分水则例制定于乾隆四十二年（1777），规则详细公平，兼顾各方利益，一直受到地方政府的认同和重视，并以碑文的形式矗立于东乐西关全圣宫，要求山丹、张掖两邻县一体遵守，以杜绝争端。

以上从三个层面分析了河西走廊水利社会的特点，从灌溉来源看，河西走廊不属于雨水型农业区，它是以祁连山冰雪融水为生命线的内陆河绿洲农业区；从水利社会的兴衰变迁看，沙漠化时刻威胁着这里的人民、土地和水源，因此生态环境是影响河西走廊水利社会变迁的重要因素。历史时期，国家对河西走廊进行了若干次大规模开发，一方面促进了水利灌溉的发展；另一方面人口、土地的增长和落后的生产方式，也制约了河西走廊水资源的有效利用，水资源供需矛盾在历史时期成为社会常态。从灌溉特点看，在有限的水资源下，河西走廊人民在历史时期形成了特殊的“按粮均水”和严格的配水制度，额水量有大小，渠口有宽窄，水程有长短。河西走廊水利社会所呈现出的这些特点都使得它区别于其他类型的水利社会，因此，本书暂将其界定为“内陆河雪源型水利社会”，以求方家指教。

小　结

本章主要讨论了明清时期河西走廊水利灌溉的特点，并进而对为什么将河西走廊界定为内陆河雪源型水利社会进行了分析。河西走廊境内虽然广布着大片的荒漠戈壁，属于干旱的大陆性气候，但是由于有祁连山雪水的滋养，在其境内的三大流域内却分布着众多的绿洲沃壤。自汉唐以来，这里的水利灌溉就得到了有效的开发，形成了发达

① 民国《东乐县志》卷1《水利》，《中国地方志集成·甘肃府县志辑》（45），凤凰出版社2008年影印版，第84页。

的灌溉网系和成熟的民间灌溉管理制度。历史时期，伴随着对河西走廊开发的加剧，这里的生态环境也发生了沧海桑田的改变，绿洲沃壤缩小了，众多的湖泊消失了，沙漠化不断侵蚀着人们生活的土地……生态环境的每一次变动都深刻影响着河西走廊水利社会的兴衰命运。本书特将河西走廊界定为内陆河雪源型水利社会，就是为了凸显生态环境对其的影响以及在这种背景下所形成的特殊灌溉管理制度。明清以来，由于水资源承载力的不断降低，河西走廊的用水矛盾几乎成为一个挥之不去的社会问题，水利纠纷的激烈程度可谓历史罕见。

第三章　明清以来河西走廊民间水资源管理及水权控制

第一节　明清以来民间水资源管理的社会背景

河西走廊民间水资源管理是在国家开发河西，注重水政的背景下形成的。早在汉武帝时期，随着河西四郡的建立，移民和屯田使地广人稀的河西走廊迅速发展起来。《汉书·地理志》中记载，“谷籴常贱，少盗贼……贤于内郡”。在干旱荒漠的河西走廊发展农业，水利建设成为关键。《史记·河渠志》载，“朔方、西河、河西、酒泉皆引河及川谷以灌田”。河西走廊居延一带的障塞有甲渠、水门、临渠、肩水等名称，这些都与灌溉有关，当时还有专门从事灌溉管理的“河渠卒”①。这说明，早在汉代，河西走廊水资源管理已形成。唐代河西走廊的屯田和民间水利继续向前发展，敦煌遗书以及《沙洲图经》等记载了敦煌一带的水渠和斗堰情况，李并成先生在《唐代敦煌绿洲水系考》一文中指出，唐代，敦煌进行了大规模的水利开发，大小水渠计有九十余条，完整地构成了这一带的灌溉网系。在水利管理方面，唐代设有专职管理农田水利的官吏，州设有都渠泊使，县一级则有平水、前官，乡有渠长、渠头、斗门长等官吏。唐代对水利管理机构、各级渠道的浇灌次序、时间、方法、斗门节水量、斗门开闭时间、渠道维护等都有明确的规定。如《水部式》指出，诸渠长、斗门长的职责就是“浇田之时，专知节水多少”，“凡浇田皆仰预知顷

① 吴廷桢、郭厚安主编：《河西开发史研究》，甘肃教育出版社 1996 年版，第 61 页。

亩，依次取用，水遍即令闭塞，务使均沾不得偏枯”[①]。《水部式》还记载了各级管水官吏的考核标准。这些都说明，唐代的水利管理已达到了很高的水平。明清时期，伴随着国家对河西走廊的进一步开发，民间水资源管理更趋成熟，可以从两方面进行阐述。

一　国家层面——对水政的重视

明清以来，国家十分重视水政建设。明初，朱元璋诏所在有司，凡民间以水利条上者，即陈奏。后明太祖特谕工部，“陂塘湖堰可蓄泄以备旱潦者，皆因其地势修治之，乃分遣国子生及人材，遍诣天下，督修水利。明年冬，郡邑交奏，凡开塘堰四万九百八十七处，其恤民者至矣。嗣后有所兴筑，或役本境，或资邻封，或支官料，或采山场，或农隙鸠工，或随时集事，或遣大臣董成，终明世水政屡修”[②]。清代，政府轸恤民艰，大兴水政，“黄、淮、运、永定诸河、海塘而外，举凡直省水利，亦皆经营不遗余力，其事可备列焉”[③]。顺治四年（1647），给事中梁维请开荒田、兴水利，章下所司。顺治十一年（1654），诏曰：“东南财赋之地，素称沃壤。近年水旱为灾，民生重困，皆因水利失修，致误农工。该督抚责成地方官悉心讲求，疏通水道，修筑堤防，以时蓄泄，俾水旱无虞，民安乐利。”总之，明清时期，国家十分重视水政，具体表现有如下几方面。

（一）兴治水利，防治水害

兴治水利，防治水害是历朝政府为政首要大事。洪武二十七年（1394），朱元璋下令，“凡天下陂塘湖堰，可潴蓄以备旱熯，宣泄以防霖潦者，皆因其地势，修治之。勿妄兴工役，刨克吾民。又遣监生及人材分诣天下，督吏民修治水利”[④]。清代，版图宏阔，水利建设无

---

① 吴廷桢、郭厚安主编：《河西开发史研究》，甘肃教育出版社1996年版，第61页。

② 《明史·志第六十四》卷88《河渠六》，中华书局1982年点校本，第2145页。

③ 《清史稿·志第一百四》卷129《河渠四》，中华书局1977年点校本，第3823页。

④ 《大明会典·工部·河渠四·水利》卷1，《续修四库全书·史部·大明会典》，上海古籍出版社1995年影印本。

论是内地还是边疆都得到了很大的发展。在陕西，雍正五年（1727）曾下谕旨："陕西郑白渠龙洞向来引泾河治水灌田，历年既久，疏浚失宜，龙洞与郑白渠渐致淤塞，堤堰大半坍圮，礼泉、泾阳等地水田仅存其名。……朕惟兴修堤堰，乃于民生大有裨益之事。著动用正项钱粮，俟一应工程告竣，报部查覆。"① 雍正初期，河西走廊因其重要的军事战略地位，受到国家的高度重视，政府在这里大力发展军屯，有力地促进了水利事业的发展，南宁知府慕国琠在《开垦屯田记》中写道："雍正十年特饬甘肃诸大臣酌议发帑于嘉峪关口内外柳林湖、毛目城、三清湾柔远堡、双树墩、平川堡等处相度土宜，开垦试种，穿渠通流以资灌溉。凡所以经水之利，顺土之宜莫不周详备至。"②

乾隆三年（1738），川陕总督查郎阿奏言：

> 瓜州地多水少，民田资以灌溉者，惟疏勒河之水，河流微细。查靖逆卫北有川北、巩昌两湖，西流合一，名蘑菇沟。其西有三道柳条沟，北流归摆带湖。请从中腰建闸，下濬一渠，截两沟之水尽入渠中，为回民灌田之利。③

陕甘总督黄廷桂上言建议在巴里坤之尖山子至奎素百余里内地亩架设木槽进行灌溉，并请于甘、凉、肃三处拨种地官兵千名，前往疏濬。嘉庆八年（1803），伊犁将军松筠建议在伊犁设法疏渠引泉，以资汲灌，并请广益耕屯，以裕满兵生计。宁夏的水利建设在清代也得到了高度发展，宣统元年（1909），宁夏满营开垦马厂荒地，先治唐渠，以裕潴停之地，挑濬百二十余里，为正渠；自靖益堡开支口，引水西北行四十余里而入沟，为新渠；沿渠列小口四十，挟水以归诸田，为支渠。自杏子湖起，穿沟二百八十余里，建

① 《钦定大清会典事例·工部·水利》卷930，《续修四库全书·史部·钦定大清会典事例》，上海古籍出版社2003年影印本。

② 乾隆《甘州府志》，成文出版社有限公司1976年版，第1519页。

③ 《清史稿·志第一百四》卷129《河渠四》，中华书局1977年点校本，第3823页。

大小石闸、木闸四十二，石桥、木桥三十三，名曰湛恩渠，约成沃田二十万亩。

（二）详细规定了政府官员对水政的职责、考核及惩处办法

明代各级政府都有管理水务的职责。如弘治八年（1495），令浙江按察司管屯田官带管浙西七府水利，设主事或郎中一员专管。正德九年（1514），设郎中一员，专管苏松等府水利。正德十六年（1521），遣工部尚书一员，巡抚应天等府地方，兴修苏松等七府水利，浙江管水利佥事听其节制。对于官员的职责，洪武二十六年（1393）定：

> 凡各处闸坝陂池，引水可灌田亩以利农民者，务要时常整理疏浚。如有河水横流泛滥，损害房屋田地禾稼者，须要设法堤防止遏。或所司呈禀，或人民告诉，即便定夺奏闻。若隶各布政司者，照会各司，直隶者扎付各府州。或差官直抵处所踏勘丈尺阔狭，度量用工多寡。若本处人民足完其事，就便差遣。倘争斗者，听闸官拿送管闸并巡河官究问。①

同时，对于河道运输业也有相应规定，如“阁浅船只，损失进贡官物及漂流官粮，并伤人者，各依律例从重问罪。……下闸已闭，积水已满，而闸官大牌，故意不开，勒取客船钱物者，亦治以罪。万历七年题准，往来船只，俱照例筑坝、盘坝，如有豪势人等阻挠者，拿问治罪”②。为了推进水利事业的发展，还就官府对水务的执行情况进行考核：

> 正统二年，令有司秋成特修筑圩岸，疏浚陂塘，以便农作，

① 《大明会典·工部·河渠四·水利》卷199，《续修四库全书·史部·大明会典》，上海古籍出版社1995年影印本。

② 《大明会典·工部·河渠四·水利》卷199，《续修四库全书·史部·大明会典》，上海古籍出版社1995年影印本。

> 仍具疏缴报，候考满以凭黜陟。弘治十八年，令各府州县农官，不得别项差占，年终具所辖水道通塞，浚否缘由，造册奏缴，考覆黜陟。……嘉靖四年，奏准贵州水利，委官屯佥事带管，年终具所修浚陂塘坝堰丈尺，造册送部查考。……（嘉靖）十三年，令各处按察司屯田官监管水利。①

清代，除府州县各级官府监管水利外，各地还普设水利通判、水利同知、水利外委等职专司水务。雍正七年（1729），议准于泾阳县龙洞、郑白等渠之口建牌以资蓄泄，嗣后由水利通判监督修浚堤坝、渠道诸事。宁夏有专司水利的水利同知，雍正时期，曾下令“于每岁春工内，分年陆续修理（大清渠），宁夏道勤加督率，不时稽查，务期工程坚固，利济有资，使民田永沾膏泽”②。乾隆二年（1737），命水利同知管理宁夏县河忠堡渠务，包括岁修事宜、岁输额夫额草等。乾隆六年（1741），在靖逆卫磨菇沟等新开的渠道上设渠夫二十名，不时巡查。乾隆十一年（1746），“安西、哈密等处渠道增设渠兵八十名，水利外委一人”。宁夏昌润上下九闸，设立水利县丞督率渠务，令“堡长不时巡防，并令水利同知亲往稽查，如有截坝偷水等事，按法责惩”③。乾隆二十五年（1760），招民对瓜州回民遗留地亩进行屯种，裁汰把总一员，“量设渠长十名，渠兵八十名”。乾隆四十一年（1776），议准“平番县（今永登）一切水利及修筑堤坝，开浚河渠，责令该主簿督率承办”。

清代对水利失职官员一般都施以重惩。乾隆时期，要求各省督抚要尽心水利，廉洁勤政，否则严惩不贷，

① 《大明会典·工部·河渠四·水利》卷199，《续修四库全书·史部·大明会典》，上海古籍出版社1995年影印本。

② 《钦定大清会典事例·工部·水利》卷930，《续修四库全书·史部·钦定大清会典事例》，上海古籍出版社2003年影印本。

③ 《钦定大清会典事例·工部·水利》卷930，《续修四库全书·史部·钦定大清会典事例》，上海古籍出版社2003年影印本。

> 各督抚务宜仰体朕意，遇有民修之工（水利），妥为办理，严加查覆报部。如有仍前任令属员从中克扣，草率从事之处，经朕访闻，或经科道参奏，百姓告发，不特将承办各员从严办理，必将该督抚从重治罪，著为令。[①]

对于承修水利工程之官员，

> 如有漠视悠忽，不先期修筑，一遇水发，即致田亩被淹者，照河工堤岸预先不行修筑例，降一级调用。专辖监修之员，罚俸一年。统辖督修之员，罚俸六月。倘有侵蚀钱粮入己以至工程不坚者，将承修之员照侵欺河工钱粮例，严参革职治罪，该管各官徇隐不报，照徇庇例降三级调用。[②]

总之，国家对有关水利工程的渎职都定有严厉的惩罚。

（三）水务管理规范有序

明清以来，国家对灌溉渠道的管理也十分重视，各地因地制宜，制定有不同的水务管理办法。明清时期的水务管理对于闸坝启闭、轮浇次第、出夫挑浚、修造经费等都有不同的规定。如在宁夏，雍正六年（1728），题准宁夏府察汗拖辉地方开凿大渠二百七十余里，“建进水大石闸一座，退水大石闸三座，尾闸一座，各闸旁共置水手房四十四间，设水手以司启闭”[③]。乾隆十一年（1746），“议准宁夏昌润上下九闸，自首迄尾，轮流封闭，次第浇灌，充足之后，挨次自下而

---

① 《钦定大清会典事例·工部·水利》卷931，《续修四库全书·史部·钦定大清会典事例》，上海古籍出版社2003年影印本。

② 《钦定大清会典事例·工部·水利》卷926，《续修四库全书·史部·钦定大清会典事例》，上海古籍出版社2003年影印本。

③ 《钦定大清会典事例·工部·水利》卷930，《续修四库全书·史部·钦定大清会典事例》，上海古籍出版社2003年影印本。

上，令水利县丞督率”①。宁夏县属高崖子至平罗闸堡四堆子一段渠堤，议准“间岁一修，加高培厚，其应用人夫，埂以内每田一分出夫一名，埂以外每田二分出夫一名，俟二三年后，仍令埂内一例分拨”②。道光年间，“奏准狄道州洮河堤坝，每年于城中户内，按照三丁出夫一名，分春秋夏三季，赴工修筑”③。对于一些大型水利工程一般先由地方财政支拨，工程结束后，再由百姓归款。乾隆五十三年（1788），下令：

> 各省修浚堤河等工，有里民借项自行经理，并不造册送部者；有借项官为经理，工竣造册送部备案者；亦有借项造册具题覆销者。是各省民修之工，并非全行报部覆销，章程本不划一，立法未尽妥善。……向系民间修理者，原不便遽动官项，且各处堤工甚多，岂能官为一一修理，嗣后，民修各工，除些小之工无关紧要者，仍任民间自行办理外，如系紧要处所，工程在五百两以上者，俱著一体报部查覆。……兴修后，再行酌令百姓出赀归款。④

这就是说，民间小型水利工程由民间自行管理，实行自治，而较大工程（涉及五百两以上之工程）则由政府先垫付。如道光十八年（1838），“奏准高台县并毛目县丞所管柔远堡等处，岁修渠道工程银两，在司库公用款内动支，按年造册报销”⑤。狄道州洮

① 《钦定大清会典事例·工部·水利》卷930，《续修四库全书·史部·钦定大清会典事例》，上海古籍出版社2003年影印本。

② 《钦定大清会典事例·工部·水利》卷930，《续修四库全书·史部·钦定大清会典事例》，上海古籍出版社2003年影印本。

③ 《钦定大清会典事例·工部·水利》卷930，《续修四库全书·史部·钦定大清会典事例》，上海古籍出版社2003年影印本。

④ 《钦定大清会典事例·工部·水利》卷931，《续修四库全书·史部·钦定大清会典事例》，上海古籍出版社2003年影印本。

⑤ 《钦定大清会典事例·工部·水利》卷930，《续修四库全书·史部·钦定大清会典事例》，上海古籍出版社2003年影印本。

河堤坝修筑随需器具，“于该州公费银内购办，毋许私派”。总之，清代国家拨付的水利工程款，形式不一，[①] 反映国家对水利事业的重视。

二 民间半自治性质的社会特点

（一）民间水利实行一定程度之自治

上文讲了国家对水利工程、水利事务等的诸多干预，但这并不表明国家对水利事业包揽无余，恰恰相反，绝大部分民间水利、水务活动等都实行一定程度的自治。瞿同祖先生指出，“主干河流（如黄河、长江、永定河之类）上的蓄水和防洪工程，属于河务管理官员的职责，并由朝廷经费资助。但是，支流、水库和仅仅供当地农田灌溉使用的堤坝等水利工程，则留给当地官民自己去办”[②]。当然国家与民间的界限并非泾渭分明，国家不同程度地干预民间水务活动。比如在经费资助方面，本属民间自行办理的水利活动，在特殊情况下，[③] 国家也不会袖手旁观。乾隆初年，奏准“各省民堤民堰，有关于民田庐舍应行修筑而民力实不能办者，该督抚预行题明，照以工代赈之例，动用公项酌量兴修”[④]。一般来说，维修堤坝、挑挖渠道本是州县官员的职责，但州县政府往往拿不出多少经费，以民勤县为例，表 3 – 1 反映了地方财政的支出情况。

---

① 如武昌府沿江一带石岸修筑，动支的是江工节省银，这笔款项交由江夏、汉阳二县商民营运生息，按季交江工之驿监道库收储，每年水涸时，著地方官履勘修葺。这是发商生息的形式，还有如征收岁修银，襄阳府枕江老龙石堤，每年岁赋额征岁修银三百两有奇，如不敷使用，则动拨府库军需积储银，交襄阳府属商民生息。再如动支盐茶耗羡银，四川省岁修都江等堰，每年动支盐茶耗羡银二千五百十二辆有奇。参见《钦定大清会典事例·工部·水利》卷 931。

② 瞿同祖：《清代地方政府》，范忠信、晏锋译，法律出版社 2003 年版，第 261 页。

③ 如乾隆十三年议准，民间堤埝，原无给价修筑之例，但因年岁偶歉，国家可估拨半价，官位修筑。至于受灾慎重，而涉及工程又系蓄泄机宜，则工给半价，如不敷用，该督抚可将实际情况奏疏上报。参见《钦定大清会典事例·工部·水利》卷 931。

④ 《钦定大清会典事例·工部·水利》卷 927，《续修四库全书·史部·钦定大清会典事例》，上海古籍出版社 2003 年影印本。

表3－1　　清代民勤县地方财政支出

支出项目	支出费用
每年丁戊祭祀银	二十一两八钱
本县每年	俸银四十五两（藩库领），养廉银六百石（耗羡内支）
公费粮	二百石（耗羡内支）
各班役七十九名，每年工食银	五百六十两四钱（藩库领）
孤贫二十七名，每年口粮	仓斗麦九十七石二斗
囚粮	每日给黄米一仓升，灯油盐菜大钱五文（本县仓库领）
儒学教谕每年俸银	四十两（藩库领）
斋夫三名	三十六两（藩库领）
廪生二十名，每年每名饩粮	四石（藩库领）
膳夫银	十三两三钱三分（藩库领）
岁科考试花红果饼	公费粮内开
举人牌坊银	二十两（陕西藩库领）
文武举人会试盘费银	五两三钱零八分（县库领）
典史每年	俸银三十两五钱二分（藩库领），养廉粮六十石二斗（从知县养廉内支领），养廉银一十两八钱一分（地丁耗羡内动支）
仓场吏一名每年	给粮仓斗三十石（县仓领）
镇、蔡二营兵丁每年	粮料草束司估拨本色折价不一，如支放本色每年人粮仓斗麦四千一百九十六石，马粮豌豆一千二百九十六石，小草八万六千四百束
柳林湖平分粮每年	折鼠耗银三升，挽运武威，每京石行百里，脚价银一钱六分
水利通判每年	俸银六十两，养廉银六百两，公费银三百六十两（藩库领）
效力农民十五名每年	工食银五百四十两（藩库领）
各书役工食银每年	三百四十八两（藩库领）
岁修渠道银	三百两（藩库领）

资料来源：民国《民勤县志》部分史料整理，成文出版社有限公司1970年版，第35—37页。

表3－1反映了清代民勤县的地方财政支出情况，作为地方公共工程的水利修治，每年款项支出只有三百两。地方财政拿不出多少钱，加之国家又倡导民间自行兴修水利，这给民间水利自治提供了土壤。如针对各地水害频仍，道光曾下谕旨："今南方民田陂塘渠堰多系民修，直隶水利事宜，亦可令民间自行修建，势不能尽仰官办，现在停赈之后，应令民间次第修举，其赴工就役，各视地亩多少为差。……至开挑沟洫，乃因利利民之道，总在该地方官平日留心讲求，董率有方。"①

（二）民间社会秩序的自我规范

明清以来，国家对基层社会的管控方式是实行里甲制。明洪武十四年（1381），朱元璋下令编赋役黄册，以便于掌握天下户丁情况，"以一百十户为一里，推丁粮多者十户为长，余百户为十甲，甲凡十人。岁役里长一人，甲首一人，董一里一甲之事"②。里编为册，册首总为一图，每十年有司更定黄册一次，以丁粮增减而升降之。黄册共有四本，一本交户部，布政司、府、县各存一本，作为有司征税、编徭的依据。清代延续了这一政策，顺治五年（1648），题准天下户口三年编审一次，州县印官需照例攒造黄册。里、甲长的职责是：每遇造册时，"令人户自将本户人丁，依式开写，付该管甲长，该管甲长将本户并十户，造册送坊（城中）、厢（近城）、里（乡）各长，坊厢里各长将甲长所造文册，攒造送本州县，该州县官将册比照先次原册，攒造类册，用印解送本府……"③ 从中可以看出，里甲的主要功能在于清厘、编审户口和催办钱粮，除此之外，还负责地方治安，如词讼、火盗、命案、口角以及应役办差各事。④

---

① 《钦定大清会典事例·工部·水利》卷925，《续修四库全书·史部·钦定大清会典事例》，上海古籍出版社2003年影印本。

② 《明史·志第五十三》卷77《食货一·户口》，中华书局1982年点校本，第1878页。

③ 《钦定大清会典事例·户部·户口》卷157，《续修四库全书·史部·钦定大清会典事例》，上海古籍出版社2003年影印本。

④ 江士杰：《里甲制度考略》，《民国丛书》（第四编），商务印书馆1944年版，第60页。

明中叶以后，由于朝政日非，差役频繁，里甲制的弊端越发凸显，对国家赋役制度造成巨大的危害，其对基层社会的控制也逐渐衰弱。[①] 到了清代，里甲人员逐渐成为“地方无赖集团”之一，并成为“国家社会之一大蠹虫”。清初，针对里甲制的流弊，国家做了一定的改革，如“凡现年里甲，止令催纳各户钱粮，外此其它一应差徭，不可再令充当受累，若有征收钱粮，另行派人充作催头，或有借称征粮，令里中佥报大户，派纳银米至于破产者，皆在所严禁。其州县官或于额外私派，而上司徇隐者，许里甲长据实控告，依律治罪”[②]。清代，还规定里甲长等，不以产定，只要是正派居民即可。虽然如此，里甲制依旧逐渐丧失了其功能，嘉庆时期，“各直省举行保甲，覆对门牌，而责成不专，里长甲长等恐不免有容隐之弊”。为了防止此类现象发生，特下令在编审保甲时，里长甲长等必须“取具联名互保甘结”，如有形迹可疑者，该里甲长因害怕株连，必不敢代为具结，从而达到“立时首报”的目的。

保甲制是国家为社会治安而实行的一种控制手段。雍正十一年（1733），下令“州县城乡，十户立一牌头，十牌立一甲头，十甲立一保长。户给印牌一张，备书姓名丁数，出则注明所往，入则稽其所来，其客店亦令各立一簿，每夜宿客、姓名、人数、行李、牲口几何，作何生理，往来何处，逐一登记明白”[③]。保甲制是国家向社会延伸的另一种表现。保甲制实行不久，就暴露出弊端，乾隆二十

---

① 江士杰先生认为，里甲制的衰弱不外乎几个原因，一是里甲差役繁重，摊派繁多，里甲本身贫富不均以至于赋役不均，差役不均，逃避差役的现象时有发生。二是民间夫役甚多，费用不訾，导致在征粮时任意加派，或借名浮收，里甲之害越来越重。三是在攒造图册时，同委官串通作弊，飞派、诡寄等飞走税粮现象经常发生。总之，里甲制的弊端不可胜数，“隐瞒丁口，脱免差徭，改换户籍，埋没军伍匠役，或将里甲挪移前后应当，或捏甲作乙，以有为无，以无为有，或巧立税目，妄报灾荒，以熟作荒……”参见江士杰《里甲制度考略》，《民国丛书》（第四编），商务印书馆1944年版，第45页。

② 江士杰：《里甲制度考略》，《民国丛书》（第四编），商务印书馆1944年版，第56页。

③ 《钦定大清会典事例·户部·户口》卷157，《续修四库全书·史部·钦定大清会典事例》，上海古籍出版社2003年影印本。

二年（1757）下谕旨："……乃日久生玩，有司每视为迂阔常谈，率以具文从事，各乡保长、甲长，类以市井无赖之徒充之，平时并不实心查察……"[①] 保甲制本为稽查游匪、奸宄、偷盗、赌博、邪教、贩卖私盐等，维护社会治安而设，但由于保甲长本身处于国家官僚体制之外，属于国家在民间安置的一种劳役，难免良莠不齐，实行效果也难以保证。清代规定，保甲长的人选是"民公举诚实识字及有身家者，报官充点，地方官不得派办别差"。到了嘉庆年间，保甲制更是形同具文，"不但容留匪犯，无人举发，致于日久潜匿，恣为不法，而偶遇偏灾散赈，则奸吏蠹胥浮开户口，较岁报丁册往往增多，任意弊混"[②]。道光时期，保甲制几乎丧失其功能，"各省盗贼横行，劫案累累，甚至湖南会匪滋扰，两粤贼势蔓延，推其缘故，皆由保甲之法不行，以至莠民无所忌惮"[③]。保甲制社会控制功能的弱化意味着宗族社会控制的加强，"至于地方承缉逃盗，拘拿案犯，承应官府，原系乡地保甲之事，概不责之族长。以族房之长，奉有官法，以纠察族内之子弟，名分既有一定，休戚原自相关，比之异姓之保甲，自然便于察觉，易于约束"[④]。这说明，国家更愿意让宗族来取代保甲的职责。

（三）地方精英推进基层社会之自我控制

通过上面的分析可以看出，无论是里甲制还是保甲制都不能使国家完全达到治理社会之目的，它们只是国家实行政治控制的手段，随着其弊端的日益暴露，规范基层社会的秩序还必须有且为国家认同的其他途径。一般来讲，地方社会精英包括乡族能协助国家达到社会控

---

① 《钦定大清会典事例·户部·户口》卷157，《续修四库全书·史部·钦定大清会典事例》，上海古籍出版社2003年影印本。

② 《钦定大清会典事例·户部·户口》卷157，《续修四库全书·史部·钦定大清会典事例》，上海古籍出版社2003年影印本。

③ 《钦定大清会典事例·户部·户口》卷157，《续修四库全书·史部·钦定大清会典事例》，上海古籍出版社2003年影印本。

④ 《礼政五·宗法上》卷58，《魏源全集·皇朝经世文编》（第十六集），岳麓书社2004年点校本，第262页。

制的目的。清代文人张望在《乡治》一文中，谈到了国家治理社会之途径，也大体反映了当时的地方社会治理机制。他认为，天下之治始于县，县之治始于令。县令的职责是成教化，移风易俗，并将这些上闻于天子。县令之下又县丞、县尉，但县丞、县尉的辅助也不足以完成一县所有之事务，正所谓“一邑之大，民之众，上与下不相属，政令无予行，威惠无予遍，虽谨且廉，而其政不举”[①]。既然仅凭几个地方官员无法胜任一县之繁杂事务，于是里有里长，乡有乡约，族有族正，“择其贤而才者受之”，并使这些人成为“县令之耳目肱骨”，“县令勤于上，约与正与长奉于下，政令有与行矣，威惠有与编矣”。里长、族长、乡约在乡族闾里劝善抑恶，协助县令实行教化。清初，国家规定，“聚族而居，丁口众多者，则族中有品望者一人，立为族正，该族良莠责令查举”[②]。凡族必有族长，并择齿德之优者为副。

> 凡劝导风化，以及户婚田土争竞之事，其长与副先听之，事之大者方许之官，国家赋税、力役之征，以先下之族长。族必有田以赡孤寡，有塾以训子弟，有器械以巡檄盗贼。惟族长之以意经营，而官止为之申饬期间。……凡某乡几族，某族几家，某氏附某族，某族长某人，岁置簿以上于官。[③]

清代大吏陈宏谋在《选举族正族约檄》中指出，宗族聚族而居，最终要实现“合爱同敬，尊祖睦族”的社会功能。对于如何加强宗族的社会控制，陈宏谋提出应将境内祠堂以及族长姓名造册报官，由“官给牌照，假以事权，专司化导约束之事，将应管之事一

① 《吏政九·守令下》卷23，《魏源全集·皇朝经世文编》（第十四集），岳麓书社2004年版，第424页。

② 《钦定大清会典事例·户部·户口》卷157，《续修四库全书·史部·钦定大清会典事例》，上海古籍出版社2003年影印本。

③ 《礼政五·宗法上》卷58，《魏源全集·皇朝经世文编》（第十六集），岳麓书社2004年版，第231页。

一列入”[①]。以上这些都说明，宗族以逐渐取代里甲、保甲的职能，在国家权威的认同下，对社会实施着控制。除此之外，还有一类人在地方社会治理中扮演着十分重要的角色，即士绅阶层。关于士绅的概念、身份的获得、职责、功能等，张仲礼先生已有较详细的论说。[②] 这是国家借宗族实现社会控制的手段。士绅最重要的特征是与地方政府共同管理地方事务，属于非正式权利阶层。[③] 就基层社会控制而言，地方政府与士绅形成了相互协调合作的关系格局。士绅在社区发挥着重要影响力，如民间规约之制定、解决纠纷、慈善救济、地方防御等。由于士绅阶层的广泛存在，基层社会治理显现出一定程度的自治，社会秩序在少量的国家干预情况下基本能够达到自我规范的局面。

正因为民间社会的半自治性质，使得像兴修小型灌溉渠道、分水、水务纠纷、防治水患、水神祈祷等诸多水事活动都能够按照民间规约来行事，即使是政府出面协调的问题，也往往以旧例、旧规为执行依据，在这种情况下，政府的干预不是弱化了基层社会的自治，相反是加强了。

以上从两大层面阐述了明清时期基层社会水资源管理的社会背景。总的来说，在传统社会里，国家对水利事业是高度重视的，但囿于传统社会的治理格局，国家并不包揽社会的方方面面，特别是基层社会之事务，基本呈现半自治的状态。民间水务活动也一样，遵循规约和惯例行事，国家通过维护并巩固这种局面的延续来维持社会的稳定与秩序，这是民间水资源生成的社会背景。

---

① 《礼政五·宗法上》卷58，《魏源全集·皇朝经世文编》（第十六集），岳麓书社2004年版，第262页。

② 张仲礼认为，绅士的地位是通过取得功名、学品、学衔而获得的。作为具有地方社会领袖地位的绅士阶层，他们视自己家乡的福利增进和利益保护为己任。在官府面前，他们代表本地的利益，承担了诸如公益活动、纠纷排解、兴修公共工程、参与征税和团练等诸多事宜。参见张仲礼《中国绅士——关于其在十九世纪中国社会中的作用》，上海社会科学院出版社2001年版。

③ 瞿同祖：《清代地方政府》，范忠信、晏锋译，法律出版社2003年版，第282页。

第二节 明清时期河西走廊民间水资源管理的特点

民间水资源管理首先体现为分水灌溉章程的制定，其中包括分水量、灌溉次序、渠道维护等。其次是民间管水层，主要职责是按照章程管理水务，协助官府处理纠纷，指挥督导维护渠道等。民间水利工程建设，一般都必须得到官府的许可，较大型工程由官府出资，民间出夫，小型工程为民间集资出工。祭拜龙神既是水利社会的重要民俗，也是官民共同借龙神规范社会秩序的表现。总之，民间水资源管理内容十分丰富，其特点体现为下面五个方面。

一 分水章程——率由旧章、至规至详

河西走廊各地，赖水滋灌，“按粮使水”是普遍的分水原则，另外，由于水资源供需矛盾的不断加剧，河西各渠坝都对灌溉渠口严格限定尺寸，以最大限度地利用水资源，避免不必要的浪费。在山丹县，“仿照旧日区分之规，因粮均水，因水均时，绘为图式，注明额粮原数、浇水定时，俾编氓鳞次序灌，争端悉泯，自水利可以均沾而争讼从此衰息”[①]。在镇番县，分水的核心是“计粮均水”。镇番十地九沙，“非灌不殖”，而“灌水之法川湖迥异，川则四时轮灌，湖则一年一水”[②]。以川水灌溉为例，春水自上而下，依次浇灌的顺序是大路坝、河东新沟、大二坝、宋四沟、更名沟、小二坝、四坝。四坝浇灌春水后与小红牌分水时刻相连，自下而上，挨次轮浇，周而复始。在计时上一般采用“点香为度或照粮分时或计亩均水”[③]。如果

---

① 道光《山丹县志》卷5《五坝水利图说》，成文出版社有限公司1970年印行，第166页。

② 道光《重修镇番县志》卷4《水利考》，《中国地方志集成·甘肃府县志辑》（43），凤凰出版社2008年影印版，第178页。

③ 道光《重修镇番县志》卷4《水利考》，《中国地方志集成·甘肃府县志辑》（43），凤凰出版社2008年影印版，第178页。

遇到山水爆发，一坝不能承受水流，各坝可以开闸，“酌水势之大小，不得藉端私放”。冬水自上而下，春水自下而上，浇地有两种方式，一种是分时，另一种是计亩。“照粮摊水，时尽则止，有余不足各因其水之消长，遇倒失自任之，是谓分时。若计亩，按地摊浇之，以有余补不足，遇倒失众分任之。”[1] 可以看出，无论是“分时”还是“计亩”，这种分水方式都较为公平合理。无论是上述哪种方式，其核心都是“照粮摊水”，粮多则多浇，粮少则少浇。选择“分时”，就是按时间浇灌，无论水量够不够，损失的水自己承担。选择“计亩”，按地浇灌，以有余补不足，损失的水大家承担，切实做到水利均沾。在分水制度上有牌期、有承粮数、有水额数，十分详细，以做到比较公平。以下是镇番县分水牌期和分水额（见表3－2，表3－3，表3－4），可以更清楚地了解该地的分水章程。

表3－2　**镇番县分水则例——牌期**

<table>
<tr><td colspan="2">清明次日山水归川，是为春水。除红柳、小新腰、井湖、中六坝、河东八案春水十昼夜四时外，所余之水扣至立夏前四日，四坝均照粮均分</td></tr>
<tr><td>小红牌</td><td>自立夏前四日迄小满第八日</td></tr>
<tr><td>大红牌</td><td>自小满第八日迄立秋第四日</td></tr>
<tr><td>夏水</td><td>两牌节次轮浇</td></tr>
<tr><td>秋水</td><td>自立秋第四日迄白露前一日，四渠坝轮灌后，水归移邱案首红沙梁，浇至秋分后十日。然后轮至北新沟，浇至寒露前一日。之后是大滩，浇至寒露后九日，水归四渠</td></tr>
<tr><td>冬水</td><td>四渠浇至立冬后六日，六坝接浇</td></tr>
<tr><td colspan="2">小雪次日，水归柳林湖，惊蛰以前为冬水，惊蛰以后为春水。冬水不足以春水补之。春水时有结冰的情形，冰消则水大，调剂轮流、均沾实惠尤为重要</td></tr>
</table>

资料来源：道光《重修镇番县志》卷4《水利考》部分史料整理，《中国地方志集成·甘肃府县志辑》（43），凤凰出版社2008年影印版。

---

① 道光《重修镇番县志》卷4《水利考》，《中国地方志集成·甘肃府县志辑》（43），凤凰出版社2008年影印版，第178页。

表3－3　　镇番县分水则例——水额

头坝、化音沟开常行口岸，不在计粮均水额度范围内	
四坝	小红牌五昼夜五刻，大红牌每牌八昼夜，秋水六昼夜四时四刻，冬水六昼夜一时，润河、借田水时在内
次四坝	小红牌四昼夜四时，大红牌每牌五昼夜六时五刻，秋水四昼夜十一时，冬水五昼夜一时
更名坝	小红牌二昼夜五刻，大红牌每牌二昼夜四时四刻，秋水一昼夜七时六刻，冬水一昼夜九时，润河在内
大二坝	小红牌六昼夜一时四刻，大红牌每牌七昼夜一时六刻，秋水六昼夜三时，冬水七时，润河在内
宋寺沟	小红牌七时二刻，大红牌每牌九时，秋水六时二刻，冬水七时，润河在内
河东新沟	小红牌三时，大红牌每牌三时二刻，秋水二时，冬水二时
大路各坝	小红牌二昼夜，大红牌每牌三昼夜，秋水二昼夜五时，冬水二昼夜十时

资料来源：道光《重修镇番县志》卷4《水利考》部分史料整理，《中国地方志集成·甘肃府县志辑》，凤凰出版社2008年影印版。

表3－4　　镇番县分水则例——额粮

地名	承粮	额水
移邱之红柳、小新沟、腰井湖、中六坝、河东八案	二百六十二石三斗五合八勺	清明次日春水十昼夜四时（春、秋、冬三轮）
移邱之北新沟、红沙梁子、大滩	六百五十七石九斗八升四合	秋水三十九昼夜三时（春、秋、冬三轮）
头坝、化音沟	二十石二斗五合二勺	随四渠坝常行口岸浇灌
四渠各坝	四千三百四十五石七斗六升六合二勺五抄	小红牌夏水二十七昼夜（按粮摊算，每粮一百石应分水七时三刻六分）。大红牌夏水三牌，每牌三十五昼夜五时（除掉润河水和藉田水六昼夜二时外，只剩余二十九昼夜三时，每粮一百石应分水八时）
首四坝	八百一十五石八斗一升二合	五昼夜零五刻（小红牌）；五昼夜五时四刻，润河水二昼夜四时四刻，借田水二时（大红牌）
次四坝	七百零七石六斗	四昼夜四时（小红牌）；四昼夜八时五刻，润河水十时（大红牌）

续表

地名	承粮	额水
小二坝	一千零七十二石四斗三升五合八勺	六昼夜七时六分（小红牌）；七昼夜一时六刻七分（大红牌）
更名坝	三百三十三石八斗三合	二昼夜五刻（小红牌）；二昼夜二时六刻，润河水一时六刻（大红牌）
大二坝	九百九十五石二斗六升一合五勺	六昼夜一时四刻（小红牌）；六昼夜七时六刻，润河水一昼夜八时（大红牌）
宋寺沟	一百零一石	七时三刻（小红牌）；八时，润河水一时（大红牌）
河东新沟	四十石二斗九升五合五勺	三时（小红牌）；三时二刻（大红牌）
大路坝	二百八十石三斗六升三勺	二昼夜（小红牌）；一昼夜十时三刻，润河水一昼夜一时五刻（大红牌）
第四牌共水二十六昼夜五时，均照前牌定例均浇，勿许紊乱。秋水三十九昼夜三时……自下而上随红沙梁水尾接引浇灌。冬水一牌自寒露后九日起至立冬后五日，共水二十五昼夜七时，均各遵例分浇，不得紊乱		

资料来源：道光《重修镇番县志》卷4《水利考》部分史料整理，《中国地方志集成·甘肃府县志辑》，凤凰出版社2008年影印版。

再看敦煌一带的情况，敦煌“全资党河之水，分引五渠，设有木槽，比量分寸，按定时刻，计亩轮灌之法最善”①。酒泉郡“水源不一，清洪各异，而均水总以粮之轻重为衡。粮重而地肥者其水广，粮轻而地瘠者其水缺”②。在古浪县，“向例使水之家，但立水簿，开载额粮暨用水时刻，如有坍塌淤塞，即据此以派修浚，无论绅衿士庶俱按粮出夫，并无优免之例。……各分水渠口俱立石碣，用垂久远，以妨偏枯兼并之弊”③。

① 《边疆丛书甲六·敦煌随笔》卷2《沙洲》，民国二十六年（1937）禹贡学会据传抄本印制，甘肃省图书馆西北文献部藏复本。

② 光绪《肃州新志》卷8《文艺·康公治肃政略》，《中国地方志集成·甘肃府县志辑》（48），凤凰出版社2008年影印版，第665页。

③ 民国《古浪县志》卷2《渠坝水利碑文》，河西印制局1939年印制，甘肃省图书馆西北文献部藏。

水利规约均以纳粮数为准，渠口、闸口一般都有严格之限制。如古浪县古浪渠上的煖泉坝由板槽、煖泉二沟合成，“板槽沟额粮二百三十五石零，煖泉沟额粮二百六十三石零；板槽沟额水三百二十六个时，煖泉沟额水四百零九个时”①。对于架设木槽引水之坝，一般都对木槽的帮高和底宽限定尺寸。如古浪渠的长流坝，因行水困难，遂设木槽一通，“木槽照依官尺除底帮高四寸，除帮底宽二尺八寸。额征水粮二百九十石，额正润水三百五十五个时”②。如果坝田窎远，可以酌情另开闸口，如古浪渠的头坝和土头坝合一闸口，两坝渠口阔各七尺，但因“土头坝田地窎远，外让加润沟闸口一尺八寸，闸口界在水平庄。额征水粮三百五十石零，额水四百个时”。“三坝……渠口阔七尺二寸，深浅随水低昂，额粮六百六十四石二斗四升七合，额水七百一十四个时。”③

明清以来，河西走廊各地分水章程大多是在政府的认同下制定的，一经制定即为定案，并成为以后分水断案的依据。如安西柳沟卫与玉门靖逆卫的分水章程始于康熙年间，之后发生的争水纠纷一直以这一章程为依据进行断案。康熙五十六年（1717），政府开垦安西柳沟地方，并招户耕种其地，户民皆滋昌马河进行灌溉，该河发源于祁连山，出昌马口由睡佛洞前散漫于戈壁滩，再经柳沟四道沟而入于疏勒河。康熙五十八年（1719），玉门靖逆卫招徕屯户于睡佛洞前高筑渠坝，将河水堵向东南。柳沟三、四道沟遂无点滴灌溉之源。雍正七年（1729），柳沟卫守备王乔林向肃州道汇报了这个情况，经地方大员勘察后，“断令在睡佛洞下龙王庙上定为柳、玉分水口，其水东北流者六分灌玉门临城各渠，西北流者四分灌头、二、三、四道沟（柳

---

① 民国《古浪县志》卷2《渠坝水利碑文》，河西印制局1939年印制，甘肃省图书馆西北文献部藏。

② 民国《古浪县志》卷2《渠坝水利碑文》，河西印制局1939年印制，甘肃省图书馆西北文献部藏。

③ 民国《古浪县志》卷2《渠坝水利碑文》，河西印制局1939年印制，甘肃省图书馆西北文献部藏。

沟）各渠……均分详明，督提各宪立案并载志乘”[①]。到乾隆四十七（1782）、四十八（1783）、四十九（1784）三年，玉门农约相继强堵西口（分水口），“叠经五十六年安西直隶州李，道光十四年直隶州罗批饬仍旧”，道光十四年的这次断案，玉门渠民不服，继续兴讼，“道光十五年杨宫保批饬肃州道金训饬照依旧案，于龙王庙三百四十丈之上睡佛洞三十九丈之下任凭安民分灌，龙王庙三百四十四丈以上，任凭玉民分灌。同具甘结，勒石在案，以垂久远”[②]。可以看出，“依照旧案”是解决用水矛盾的参照和依据。

再如，山丹河东西两泉合为一渠，浇灌山丹、张掖及东乐三县所属一十八坝地亩，分为三段，自下而上浇灌，每年自惊蛰起至清明寅时，称为闲水；清明至立冬后六日为正水，各坝按时刻次序轮浇，这是乾隆十四年甘州府分断的水规。后山丹上坝武生王瑞槐等因该坝地广粮多，而分水时刻与粮少之十坝、十一坝、十二坝相同，心里不服，并因此上控。在地方政府的详查之后，认为“乾隆十四年前甘州府高断令分使正、闲各水昼夜时刻实系元年断定之案……并查惊蛰时冰冻初开为时尚冷，先从下坝以次通浇，而及于上坝，其时渐融于地，较近通盘折算，已无偏枯，原情悉属平允”[③]。这就是说，乾隆十四年的断案是以乾隆元年为依据的，前地方政府断给十坝、十一坝、十二坝与山丹上坝的时刻相同是因“惊蛰时冰冻初开为时尚冷”，加之自下而上浇灌，山丹上坝虽然地广粮多，但因浇灌时间靠后，虽浇灌时间稍少，得水量却较多。这是地方政府均衡水利的唯一办法，也因此成为后世遵照的定案。经过这次官司，地方政府更加强化了“定案”，“并令遵照旧规，分给执照，明白勒石，永杜讼端”[④]。这次断案重申了“旧规”

---

① 《甘肃省通志·安西县采访录》（一）《水利》，甘肃省图书馆西北文献部藏。

② 《甘肃省通志·安西县采访录》（一）《水利》，甘肃省图书馆西北文献部藏。

③ 民国《东乐县志》卷1《水利》，《中国地方志集成·甘肃府县志辑》（45），凤凰出版社2008年影印版，第81页。

④ 民国《东乐县志》卷1《水利》，《中国地方志集成·甘肃府县志辑》（45），凤凰出版社2008年影印版，第81页。

的各坝分水时刻和闸口尺寸，[1] 恢复了地方社会的运行和秩序。

二　水利管理人员——国家与社会的合作

河西走廊水利开发历史悠久，水利管理体现了国家与社会的合作。如在汉代，各地设立田官管理屯田和水利，田官是国家官职人员。唐代在各渠和门斗设置渠长和门斗长，这是得到政府认可的民间水利管理人员。明清时期，水利自治力度加大，但国家依旧以权威的姿态掌控着水利的兴治和水利社会的秩序。各州府县的同知、通判、县丞、主簿等都将水利视为关键要务。《明史·职官志》记载：“同知、通判分掌清军、巡捕、管粮、治农、水利、屯田、牧马等事。”[2] 清代，国家规定沟洫等水利事宜，“求于乡耆里老，而总其事于郡守，责其成于县令，分其任于县承主簿”[3]，无县丞和主簿的县即委典史办理。清代国家十分重视与民间掌水人员的合作，“集四境之耆长，体访以人情地势，有酌见其可兴沟洫之利者，丞主簿一相度焉。而公酌之县令，令再相度焉。准里计日，具图以请于郡，而作其功。有废地可以沟通者，则募其旁近失田之夫为之，官助以不足，田成而授其人”[4]。明成化年间，巡抚都御使许进建言，河西走廊十五卫，东起庄浪西至肃州，绵亘凡二千里，水利多被势豪侵夺，宜设官专理。[5] 之后，国家在河西走廊设屯田佥事、水利通判等专管水利。

---

① 自惊蛰至清明寅时止一月安种水，二十一坝起至十七坝止应使东西两泉全河水一十昼夜，十六坝至十三坝应使东西两泉全河水六昼夜六时，十二坝至十坝应使西泉全河水折半，河水一十二昼夜六时，六坝至九坝应使东泉全河一半，河水一十二昼夜六时。……计开中闸于十九坝，闸口宽三尺九寸……十六十九坝夜晚应香五时……参见民国《东乐县志》卷1《水利》，《中国地方志集成·甘肃府县志辑》（45），凤凰出版社2008年影印版，第81页。

② 《明史·志第五十一·职官四》卷75，中华书局1980年点校本，第1849页。

③ 《户政十三·农政下》卷38，《魏源全集·皇朝经世文编》（第十五册），岳麓书社2004年版，第173页。

④ 《户政十三·农政下》卷38，《魏源全集·皇朝经世文编》（第十五册），岳麓书社2004年版，第173页。

⑤ 《河西志》（上编），中共张掖地委秘书处1958年编印，甘肃省图书馆西北文献部藏。

由于国家的倡导，从民间层面看，河西走廊各县境内的坝渠一般都设有“农官”或“水老”之职，管理修渠、筑坝以及分水等事宜，另外还设有“总甲”“小甲”等协助“农官”或“水老”管理水务。① 清代，永昌县“治水无专官，统归县令，然日亲簿书，未遑遍履亲勘，于是农官、乡老、总甲协同为助，以息事而宁人”②。民勤县“治水旧有水利通判，乾隆年裁，嗣后遂隶于县，而水老实董其事”③。敦煌县六隅农约各管一隅之事，又于所管隅内“每一坊立坊长一名，每十户立甲长一名，各司其事，如耕耘、灌溉、播种、收成专以责之农长考课”④。另设“渠正两名，总理渠务，渠长十八名，分拨水浆，管理各渠渠道事务。每渠派水利一名，看守渠口，议定章程。每年春间，冰雪融化，河水通流，户民引灌田地，乘其滋润播种安根……至立夏日，禀请官长带领工书、渠正等人至党河口……分水渠正丈量河口宽窄，水底深浅，合算尺寸，摊就分数，按渠户数多寡公允耕水，自下而上轮流浇灌”⑤。民国时期，国家对基层水利控制力度增大，民间水官一律由政府委任，并纳入地方的制度建设之中。这一时期，河西的“农官”改称为“水利”，“总甲”改为渠长。地方政府在各渠设有渠务所，设渠长、副渠长、干事、渠丁等职。这些管水人员由县水利委员会遴选，县政府核委。被遴选者必须具备一定条件，一旦当选则享有一定的津贴。⑥ 这些反映了国家对民间水利一

---

① 《河西志》（上编），中共张掖地委秘书处1958年编印，甘肃省图书馆西北文献部藏。

② 嘉庆《永昌县志》卷3《水利》，甘肃省图书馆西北文献部藏复本。

③ 道光《镇番县志》卷4《水利图说》，成文出版社有限公司1970年版，第213页。

④ 道光《敦煌县志》，成文出版社有限公司1970年版，第114页。

⑤ 道光《敦煌县志》，成文出版社有限公司1970年版，第123页。

⑥ 根据民国《民勤水利规则》，当选渠长、副渠长必须具备下列资格之一才行，一是办理地方公益事业三年以上；二是娴熟本渠水利，素孚乡望；三是充任岔长或副岔长一年以上。岔长、副岔长、沟长、副沟长等也有一定的任职条件。至于津贴，渠长、副渠长、渠干事、岔长、副岔长及水首每人每月津贴小麦一市石，沟长由本沟支给津贴。津贴、旅费及办公费由各渠渠户分别按现在承纳田赋粮额平均负担，于每年田赋开证日期起，交送渠务所或渠长量收给据。渠长将收支情形于年终报县政府稽核。参见李玉寿、常厚春编著《民勤县历史水利资料汇编》，民勤县水利志编辑室1989年，甘肃省图书馆西北文献部藏。

定程度的干预，并将这些干预转化成了制度条例。

三　水利工程——民间自办，政府督导

明清时期，河西走廊的民间水利工程一般分为河工和渠工二项，河工包括河道之疏浚、河堤之建筑及修补、内河堤坝及外河口之修筑、河流溃决之抢堵、河岸树木之栽植、河房之建筑及补修等；渠工包括水口及坪口之整理与镶修、新渠或截河之开放、渠道之挑浚、渠岸树木之栽植、渠岸之培修等。民间水利工程一般采取按粮出夫与按粮出草的原则，经费自筹，较大的工程由政府相资。以民勤为例，“河工所需物料夫工，湖属各渠，由渠户按照现在承纳田赋粮额平均负担；川属各渠，按照水粮额平均负担。其水粮额依镇番县志所载，非经全县水利会议决定，不得变更渠道工程”。渠户的职责是负担本渠岔的维护，“各渠岔干渠，应由各该渠岔户民通力挑浚之”。“渠水无论何处溃决，应由渠长督率全渠人员及民夫即刻抢堵，并迅速报县政府派员监视”。“渠岸每年由渠长督率渠户增植树柳，每户一株至五株。”“各渠渠工所需之物料夫工，由各该渠渠户负担，其征配方法于各渠水利细则中规定之。”① 工程维护所需的柴草与夫工可以折价计算，例如“河渠工程所需柴草，以市斤为单位，夫工以八小时为单位，柴草折价按时价计算，夫工折价每工以小麦一市斗计算”②。修筑经费除大型工程，政府予以适当补助外，③ 一般由渠户负担，如“大坝口以下，湖水截河七道，遇内和底坝溃倒时，得任择一道开放

---

① 李玉寿、常厚春编著：《民勤县历史水利资料汇编》，民勤县水利志编辑室 1989 年，甘肃省图书馆西北文献部藏。

② 李玉寿、常厚春编著：《民勤县历史水利资料汇编》，民勤县水利志编辑室 1989 年，甘肃省图书馆西北文献部藏。

③ 如民勤新河化音沟，在东岔河终点背湾处，因河水背向，汲引困难。化音沟与东岔河接壤处有一处湖，曰扁珠湖，湖底较化音沟深许多，每当大水，即由此接壤处倒入，冲毁沟堤。明清以来，虽屡经当地民众堵塞，成效甚微。民国时期，政府决定从接壤处上游四十公尺地，开截河一道，抛弃扁珠湖，并将旧道裁弯取直，疏浚沟底，加固护堤。此项工程民工自办，必要时，酌补经费。参见《河西农田水利之春工》，《同人通讯》1944 年第 22 期，甘肃省图书馆西北文献部藏。

之。上列截河开放浇灌后，由河工处负责修筑完整，其修筑费用由川、湖各渠分担（上坝渠在外）”[①]。这是民国时期民勤县的水利管理规则，但从内容看，按粮出夫包括额粮数、渠户的职责等基本还是明清时期水利管理的延续，水利工程的维护、兴修等主要由民间承担，政府只起督导作用，与明清时期不同的是，民国时期政府对民间水利的督导已经走向制度化。

四　处理纠纷——政府出面，水利均沾

由于河西走廊特殊的自然条件，加之人口、耕地的不断扩大，水资源供需矛盾自明清以来日益加剧。水利纠纷一般都发生在上下游或不同的行政区域之间，处理这类纠纷往往需要政府出面调停，并将调停结果刻石，以为渠户永久遵循之规则。明清以来，河西走廊由地方政府处理的水利纠纷种类繁多，大部分是由于水资源供需矛盾造成的，如山丹县合邑共有五坝，“乃于开渠杜坝之时，每因多争一勺，竟至讼起百端，罗致多人，屡日难决。好事者流从中渔利，雀鼠之争竟同蛮触之斗争利也”[②]。又如肃州之丰乐河，高台县之黑水河，水脉融贯，用水之时，两地人民每致争讼，地方官又各私其民，偏徇不结。雍正时期，为解决用水争端，川陕总督岳钟琪提议建立肃州直隶州，将高台划归肃州管辖，“照沿边安设郡县之例，将肃州通判改为直隶知州，而以高台县拨归肃州管辖，则官制联属，凡往来接办公务既可协力共勷，即下河清三堡人民亦系州属兼管，自不致偏徇之弊”[③]。安西的靖逆卫和柳沟卫，明时属关外之地，清初设卫移民，人口的增加加大了对水资源的需求，导致用水矛盾突出。柳沟在汉为敦煌郡渊泉县地，嘉靖三年（1524），闭嘉峪关，部众属吐鲁番。康

① 李玉寿、常厚春编著：《民勤县历史水利资料汇编》，民勤县水利志编辑室 1989 年，甘肃省图书馆西北文献部藏。

② 道光《山丹县志》卷 5《五坝水利图说》，成文出版社有限公司 1970 年版，第 166 页。

③ 光绪《肃州新志》卷 8《文艺·康公治肃政略》，《中国地方志集成·甘肃府县志辑》（48），凤凰出版社 2008 年影印版，第 640 页。

熙五十六年（1717），设柳沟所，于四道沟建筑城堡招徕户民，[①] 兼设柳沟通判。雍正元年（1723），于布隆吉建安西镇城，遂改通判治靖逆，而以所城属安西。雍正五年（1727），复建安西镇城于大湾，而升柳沟所为卫，移治于布隆吉，隶安西同知。柳沟卫共有十道沟渠，自东而西，其头二道沟位于靖逆界地方。康熙五十八年（1719），靖逆户民于昌马河口建坝，尽逼河水从东南行，不由故道，以致柳沟户民播种无资，屡诉苦于官。雍正七年（1729），肃州道齐公亲临勘察昌马河水，下令“照靖逆、柳沟户口多寡之数，断五分之一归柳民灌溉，仍将此一分之水从河口分下，归入靖民头道沟渠内，合流至下龙王庙五里，各开渠口，对半均分，流入四道沟，柳民分东西二渠赖以种植”[②]。这是政府出面强行给柳沟卫分水，一方面平息了两方争端，另一方面保证了柳沟卫移民的生产生活。

有些情况下，因为下游渠口设在上游，每遇自然灾害而造成对上游的损失，上下游因此互控而造成水利纠纷。如高台县属的丰稔渠口在抚彝厅（临泽）的小鲁渠界内。明万历年间开渠，渠成水到，两无争竞。清末以来，由于大水频繁，冲塌渠堤，上游小鲁渠有泛滥之患，而下游丰稔渠有干旱之忧。（如果下游渠坝的渠口设在上游，一旦发生洪水，上游渠坝受水灾，下游渠坝因水泛滥横溢，反而无水灌溉，因而遭受旱灾。）每当春夏引水灌田，动辄兴讼。光绪年间，河水暴发，冲破堤防，小鲁渠遂以水潦控厅（抚彝厅），丰稔渠以受旱控县（高台县），后经两边政府实地履勘调查，调节如下：

断令丰稔渠派夫修筑渠堤，以三丈为度。小鲁渠不得阻滞，渠道既修，则丰稔渠不致受旱，小鲁渠亦不致受潦，丰稔渠渠堤

① 康熙五十六年新设塞外诸卫所，而柳沟招徕户民一百六户，每户给地二十亩。参见乾隆《重修肃州新志》《柳沟全册》，《中国地方志集成·甘肃府县志辑》（48），凤凰出版社2008年影印版，第394页。

② 乾隆《重修肃州新志》《柳沟全册》，《中国地方志集成·甘肃府县志辑》（48），凤凰出版社2008年影印版，第394页。

筑成以后，并令于堤岸两旁栽杨树三百株，以固堤根。小鲁渠谊属地主应随时防护，不得伤损，已尽同井相助之义。此后如丰稔渠所筑渠沿设有不固，即由丰稔渠民人备夫修补，小鲁渠民不得阻滞勒措，两造遵依均无异言，各具切结投呈县厅两处存案，合行出示晓谕小鲁渠、丰稔渠绅民各照明定章程永远遵循，并将此谕勒之贞珉，以垂不朽，各宜禀遵，毋违特示，光绪三年十月二十八日。[①]

从这个案件可以看出，地方政府在处理案件时是非常公平的，因为无论是涉及两个行政区域，还是一个行政区域，只要是下游因灌溉而将渠口设上游的，遇到水患灾害而对上游造成损失时，理应由下游负担修筑。

五 祭拜水神——强化社会秩序

明清以来，河西走廊当地人民普遍信仰的水神是龙王，各地的龙王庙比比皆是。祭拜龙神是强化封建社会秩序和国家权威的表现。龙神是国家认可的水神，受到历朝地方政府的重视。国家借助对龙神的祭拜来实现对社会的象征性治理，就本质来讲，祭拜龙神是国家借助龙神规范水利社会秩序的体现。祭拜龙神来祈雨，保障一方四时灌溉顺利，消除水害、水患，龙神是司水利之神，重龙神，意味着重水利、重边屯，“兹祠者，务以边屯为重，知边屯重，即思水利之匪轻，而司是水利之神，不可亵也”[②]。乾隆时期张掖令王廷赞在《重建黑河龙王庙碑记》中写道：

张掖孤悬天末，星缀西陲，风高土燥，雨泽稀微，所以恃灌溉畎亩活亿万者，惟黑河一水。……其水利之在境内者，蜿蜒三

① 民国《高台县志》卷8《文艺·知县吴会同抚彝分府修渠碑志》，《中国地方志集成·甘肃府县志辑》(47)，凤凰出版社2008年影印版，第318页。

② 乾隆《甘州府志》，成文出版社有限公司1976年版，第1487页。

> 四百里，支分七十余渠，说者谓无黑河则无张掖，黑河之水盖造物特开之以滋生一方者，沿河上流……旧建神祠俗名上龙王庙，有祈必应，无感不灵，郡之士民凛若影响。①

河西地区的龙王庙，有时也会附祭一些当地于水利有功之人，如高台的龙王庙旁就建有阎公祠堂，神人合祀以保一方水利之平安："镇夷之有龙王庙、阎公祠固有不能不记而不敢不记者，盖河水长流固龙王威灵显佑，而水利均沾实阎公人定胜天也。"② 阎公受到祭享，是因为他对地方水利的贡献。阎公所处地居河北下尾，黑河源自张掖，从西北由硖门折入流沙，临河两岸利赖之。"每岁二月弱水冷消，至立夏时田苗始灌头水，头水毕，上游之水被张、抚、高各渠拦河阻坝，河水立时涸竭，直待五六月大雨时行，山水涨发，始能见水，水不畅旺，上河竭泽，此地田禾大半土枯而苗槁矣。"③ 阎公是地方士绅，是地方户民的代言人，因愤愤不平，遂向陕甘总督年羹尧申诉，这就是著名的年羹尧黑河分水案，"康熙五十有八年，吾堡生员如岳、阎公恻然不忍，不避艰险，悉将此情诉控陕甘年督部堂，渥蒙奏准，定案以芒种前十日委安肃道宪亲赴张抚高各渠封闭渠口十日，俾河水下流，浇灌镇夷五堡及毛目二屯田苗，十日之内不尊定章擅犯水规渠分，每一时罚制钱二百串文，各县不得干预，历办俱有成案"④。

祭拜龙神通常由官府执行，这是官府为政的首要职责之一，也是其实现社会控制，保障一方秩序的手段。每逢地方雨泽稀少，官府必定诣庙祷拜，"（张掖）乃自春徂夏，雨泽既微，而河流复弱……爰偕提府

① 乾隆《甘州府志》，成文出版社有限公司1976年版，第1489页。

② 民国《高台县志》卷8《文艺·重修镇夷龙王庙碑》，《中国地方志集成·甘肃府县志辑》（47），凤凰出版社2008年影印版，第314页。

③ 民国《高台县志》卷8《文艺·重修镇夷龙王庙碑》，《中国地方志集成·甘肃府县志辑》（47），凤凰出版社2008年影印版，第314页。

④ 民国《高台县志》卷8《文艺·重修镇夷龙王庙碑》，《中国地方志集成·甘肃府县志辑》（47），凤凰出版社2008年影印版，第314页。

两宪躬诣神祠，虔行祷祝，而河流涌发，甘露滂沛”①。每届分水之时，官府借助龙王庙的神威来强化分水规则，如上文年羹尧分水定案后，每年“芒种以前，安肃道宪转委毛目分县率领夫丁驻高均水，威权一如道宪状”，分水之时，为祈龙王保佑，下游人民“整备牲牢致祭龙王阎公附祠以报胙蚃而重明禋，期于均水长流……奉事惟虔……尤望水规不乱，祠宇常新，踵事增华……”② 在敦煌，有泉依鸣沙山下，形似月牙，被称作月牙泉。泉水甘甜，深不可测，“咸以为中有神物焉，提军李公构亭其上……每年祷雨于此，无不响应，拟建龙神庙为祈祷之所”③。官府的第二个责任是维修龙王庙。龙王庙被视为生民利赖之神祠，如果听任其“卑漏不治，非所以崇禋祀而报神功也”。当然，维修龙王庙也能提高国家的庄严感和权威感。维修庙宇一般要经过上级政府的许可，再由士民耆旧群策群力，共襄厥成。为了顺利兴工，张掖县令王廷赞首先停止了附近四渠差徭，亲率老成绅士数人“相度形势，斟酌损益，先除道次庀材，务令敞不太阔，华不商靡”。维修资金一般多是捐助，“文武员弁及各渠士庶捐资庀材，不数月而大工告竣”。置办香火之资是官府在祭拜龙王寺庙的第三个职责，香火之资主要用于中主持食用以及每岁修补。香火之地由官民共同规划，如黑河之上龙王庙的香火地段，由“洞子渠上中下三号渠甲士庶……等公同老农李学斟酌得本渠中号大沟头有无碍官荒地六顷余亩……所需号水即上中下三号渠身内听其昼夜浇灌，勿得阻挡。号水洞口按木，经尺四面各六寸宽长。修理桥道闸口，三号居民出夫，杂项差徭三号居民公帮……主持地亩招民耕种，所取议定租粮……”④

从以上民间水资源管理的内容看，民间水利的管理从水例水规、管理人员、水利工程、处理纠纷到祭拜水神等诸多方面，无时无刻不

---

① 乾隆《甘州府志》，成文出版社有限公司 1976 年版，第 1489 页。

② 民国《高台县志》卷 8《文艺 · 重修镇夷龙王庙碑》，《中国地方志集成 · 甘肃府县志辑》（47），凤凰出版社 2008 年影印版，第 314 页。

③ 道光《敦煌县志》，成文出版社有限公司 1970 年版，第301 页。

④ 乾隆《甘州府志》，成文出版社有限公司 1976 年版，第 1495 页。

渗透着国家的影子，民间水利的具体事务虽然由民间自行管理，但是国家通过维护水例、水规，充当仲裁，实行象征治理等手段依旧发挥着不可替代的作用。明清以来，正是在国家与社会的共同作用下，民间水资源形成一套较为稳定的管理模式，并对稳定社会秩序产生了积极的作用。

第三节　明清以来河西走廊的水权控制

一　关于水权

水权一般指对水的所有、占有、使用、收益以及让渡的权利。[①] 但水权不同于水资源权，水权来自水资源权，按田东魁的分析，水资源权自古以来属于国家，水权特指水的使用权和收益权，前者的享有主体为国家，不能作为交换对象；后者的享有主体也是国家，但民众可以享有水的使用权和收益权，并可以作为交易对象。本书的研究限定在水权这个概念内，就其特征来讲，表现为如下几个方面。

（一）国家保护水的使用权和收益权

明清以来，国家就十分重视对水权的规范，无论是官河还是民渠都有明确的规定。《大清律例》规定："凡盗决官河防者，杖一百。盗决民间之圩岸、陂塘者，杖八十。若因盗决而致水势涨漫，毁害人家及漂失财物，淹没田禾，计物价重于杖者，坐赃论，最止杖一百，徒三年。因而杀伤人者，各减斗杀伤罪一等。若或取利或挟仇故决河防者，杖一百，徒三年。故决圩岸、陂塘减二等。……"[②] 这表明国家十分重视对水权的保护，因盗决河防、民渠、圩岸、陂塘等水利设施而侵犯别人用水权的行为，都会受到制裁。为了保护水权，国家对管理不力的官员也有一套惩处措施，如"凡不先事修筑河防及虽修而

① 郭成伟、薛显林主编：《民国时期水利法制研究》，中国方正出版社 2005 年版，第 111 页。

② 张荣铮等点校：《大清律例·河防》卷 39，天津古籍出版社 1993 年点校本，第 663 页。

失时者，提调官吏各笞五十。若毁害人家，漂失财物者杖六十。因而致伤人命者杖八十。若不先事修筑圩岸及虽修而失时者，笞三十。……”[①] 但是自然灾害导致的对水权的损害，则被排除在惩处之外，“其暴水连雨损坏堤防非人力所致者勿论”。水利工程的维护既是官员的职责，也反映了国家对水的收益权和使用权的保护。为维护用水秩序，各地均制定了不同形式的分水制度，这样做的最终目的还是明确水权，避免争斗。如在民勤，水利灌溉分川（河水）、湖两种，自清明前四日到小雪为止，归河渠灌溉；小雪次一日起到次年清明节前三日为止，归湖灌溉。川、湖又分出不同的沟岔，“按额粮之多寡定分水之时刻，燃以香寸，轮流浇灌，湖则一次，坝则一月一次。倘遇水微细，须禀明县署，饬水手公议均挪，不准擅自决水致起争斗，甘凉一带皆然”[②]。

（二）水权在使用和收益上具有河（渠）岸权和占先权

所谓河岸权是指靠近河流、渠道有权使用水资源，其他人不得侵犯。所谓占先权是指土地所有者有优先使用和收益水资源的权利。明确了这个，才能较为有效地维护水利社会的秩序。比如摆渡权就是这一原则的体现，“凡于河川岸口置船或负送过渡者，非该河川邻近村庄之人不能经营此项业务”[③]。在甘肃，明清时期各县向其所在官厅申请特许摆渡的业务，河川地方，一般都由近乡人专营，他人不能干涉。水权在使用和收益上虽然具有河（渠）岸权和占先权，但毕竟权利和义务是对等的，享受权利的同时必须承担义务。如高地欲将余水向下排泄，高地所有者必须商诸低地所有者。虽然高地余水排泄低地是顺之自然属性，但“低地有菽麦田庐，非可以为邻国之壑也，不商诸低地所有而径行排泄，固为不尽人情……”[④] 低地所有者也应采取商榷和包容的态

① 张荣铮等点校：《大清律例·河防》卷39，天津古籍出版社1993年点校本，第664页。

② 胡旭晟等点校：《民事习惯调查报告录》（上册），中国政法大学出版社2000年版，第404页。

③ 胡旭晟等点校：《民事习惯调查报告录》（上册），中国政法大学出版社2000年版，第391页。

④ 宣统《甘肃全省调查民事习惯报告册》，甘肃省图书馆西北文献部抄本。

度，如果一味拒绝，高地则“卫生与经济必受影响，故高地有不害低地之义务，低地得予以通过之，暂权此习惯也。”[①] 这说明在规范用水权的过程中，民间习惯法起到了不容忽视的作用。再如，欲引甲地之水至乙地，中间须经过他人土地时应如何办理？甲地之水引至乙地，乙地得以享受水的使用权和收益权，如何处理梗塞于其间的他人土地，按民间习惯法的规定，“各按界限放流，不伤其经过之土地”。就是说，从甲地引渠至乙地，必须从他人土地的边界放流，不能伤害其地。当邻地的蓄水陂塘，其堤防有渗漏崩溃之虞是该如何办理？蓄水陂塘如果渗漏崩溃对于相邻者来讲将造成一定损失，对于如何派夫修筑，民间习惯法规定“至修筑费用，皆视陂塘所蓄之水灌田多寡以派人夫，如甲有地五亩，则甲派夫五人；乙有地十亩，则乙派夫十人。而草木石灰之需皆视此为储备”[②]。这个例子说明蓄水陂塘的维修要根据实际的收益情况而定，收益大则所尽的义务大，反之则小。

（三）水权可以转换和买卖

水权的转换往往随土地的转换而转换，水权在转换时，各地的形式不尽相同。比如在甘肃，土地交易时，一般都在地契上表明水时，意味着连同水时一起交易，水时代表着水的使用权及收益权。“甘肃西路、北路，溉田之水多取于渠，其取用有一定时刻，燃数寸之香为限，故立契时每多书有水时字样。”[③] 河西走廊的古浪县，“凡立卖田宅契约，需书杜卖字样及四至、粮草、水时等事”[④]。另外，用水权也可以单独买卖。如河西走廊的甘、凉一带，黑河之水可以灌溉数县之田，每县村庄度量好地势，一般都会集资修渠或蓄水。每村庄往往公举轮头一人，管理用水的先后顺序，一般是燃香定时，轮头管水其实质是规范用水秩序。倘若有余水，水户则有权

① 宣统《甘肃全省调查民事习惯报告册》，甘肃省图书馆西北文献部抄本。

② 宣统《甘肃全省调查民事习惯报告册》，甘肃省图书馆西北文献部抄本。

③ 胡旭晟等点校：《民事习惯调查报告录》（上册），中国政法大学出版社 2000 年版，第 391 页。

④ 胡旭晟等点校：《民事习惯调查报告录》（上册），中国政法大学出版社 2000 年版，第 399 页。

力对水权进行买卖，“如轮到之户因灌溉已足，而尚余应灌分数，临时得卖于邻畔地户”[①]。平罗县灌溉田地，一般是按亩轮流取用，“有一定之时刻，亦可将分内之水典卖于人。能流一昼夜之巨水，其价值高者或典或卖，可多至六七百串。每流一次，若干时者，亦可典数十串不等”[②]。

（四）明确水权有利于化解纠纷

明确水权利于化解纠纷，这里的水权包括用水的权利和义务，也包括免受水灾、水患的权利和义务。黑河流域的临泽县与高台县自明清以来水利纠纷频繁，政府处理纠纷的根本办法就是明确双方的水权范围。临泽县三工堡迤北与高台县柔远渠毗邻，高台位于上游，临泽位于下游，柔远渠身宽岸高，三工堡地势低洼，每至夏令河水暴涨，各渠余水尽注于三工堡一带，无处排泄，以至于良田沃野尽成泽国。民国时期，三工堡渠民濮鸿泽等屡欲设法消除此患，由于双方意见不合，屡兴讼端。民国十五年（1926），甘凉、安肃两道“印委拟具铁管钻洞办法”[③] 以消除水患。“铁管钻洞”是为了排泄上游余水，上游河水暴涨，非人为所致，因此政府在界定双方权利与义务时，规定了下游临泽渠民相应的兴修及维护义务。与此同时，对上游柔远渠渠户的用水权也做出相应的限制，以维护下游的利益，对原来上游的渠宽和渠深重新做出调整和规定，以防止上游宽辟深挖，不仅多占水利，在河水暴涨期还会形成水患，危害下游。对钻洞的修筑及水渠尺寸的规定，一方面保证了下游不受水灾的权利，另一方面则保证了上

① 胡旭晟等点校：《民事习惯调查报告录》（上册），中国政法大学出版社 2000 年版，第 392 页。

② 胡旭晟等点校《民事习惯调查报告录》（上册），中国政法大学出版社 2000 年版，第 402 页。

③ 这个办法是经省政府批准，并派员会同两县县长共同勘察制定的。其中规定：该钻洞兴筑与修理所用之工料由临泽县濮家庄地户自备之。该钻洞发生破坏或有漏水情形，由临泽濮家庄人修理，惟不得有碍柔远渠水利通行。修洞地段柔远渠原宽连渠岸外底三丈五尺，原深由渠岸起二尺八寸。为防后患起见，规定宽四尺，深三尺五寸，不得宽辟深挖。钻洞铁管规定长五丈五尺，径口八寸，外以木镶，下以距柔远渠底深四尺处为准。参见民国《临泽县志》卷 5《水利志》，成文出版社有限公司 1976 年版，第 183 页。

游正常的水权利益。明确双方的权利义务，尽可能公平地化解矛盾，是政府处理水利纠纷的原则。

二 河西走廊的水权控制圈

（一）国家层面的水权控制

1. 控制手段之一——兴治水利

既然水权最终归国家所有，那么国家就有兴治水利的职责与义务，通过对水的控制实现赋税的完纳，并进而实现对社会的控制，正所谓“指水成赋，是水利之攸关国计民生也”。康熙年间，吏部大臣李光地曾饬令：“凡州县各因其山川高下之宜，如近山者导泉通沟，近河者引流酾渠，若无山无河平衍之处，则劝民凿井，亦可稍资灌溉。若一县开一万井，则可溉十万亩，约计亩获米一石，十县之入已当通直全属之仓储备矣。一沟之水又可当百井，一渠之水又可当十沟，以此推之，水利之兴，其与积谷备荒，其利不止于倍蓰而什伯也。”[①] 国家在倡修水利的同时，在兴修防治水利方面也发挥着不可替代的作用。在镇番县，由于地势平坦，河流顺流而下，河患较多：

> 每遇冲崩，事有专责。该渠坝自行堵御……独立难支，则相与助之，然此其小焉者也。大河在南，居民在北，以西河为蓄水之地，万一山水猛发，淹没居民，实为要害，故西河之坝可筑而西河之道不可屯。旧志载岁修渠道，银四百两。今岁嘉庆十一年，邑令齐正训思患预防，沿河培柳而于山南一坝尤加修筑，复捐廉俸三百余两，发当营息，永为修河之资，至今尤享其利。[②]

以上是说在镇番县，像山洪崩发这样的自然灾害，仅靠民间力量

---

① 《户政十八·荒政三》卷43，《魏源全集·皇朝经世文编》（第十五集），岳麓书社2004年点校本，第392页。

② 道光《重修镇番县志》卷4《水利图说》，《中国地方志集成·甘肃府县志辑》（43），凤凰出版社2008年影印版，第180页。

是很难做到彻底防治的，必须由地方政府出面防治，才能保证较长久的效果。

下面是河西走廊山丹卫煖泉渠历经明清两代的修治过程，从中反映了国家对水资源治理的控制权。根据清代《重修白石崖碑记》的记载，山丹卫煖泉渠是山丹渠民的衣食之源，明代中期，由于海寇出没，渠道阻于修治，民田尽芜。弘治三年（1490），都御使刘公璋饬佥事李公克嗣治理渠道，遂选守备都指挥武振公疏导。嘉靖二十八年（1549），渠道复塞，巡抚都御使杨公博派分巡副使石公永增置墩台，再浚之，"自是河水洋洋，北流活活，泉不壅塞，芜田尽乂矣。"[①] 清初，煖泉渠上流又复淤塞。康熙三十年（1691），山丹卫屯政厅张公因年旱遂上其事，经府道两宪批示，饬各属耆庶人夫赴河口重疏。雍正四年（1726），县侯张公受川陕总督岳钟琪的委派，晓谕坝内庠生将渠道淤塞情状绘图呈县投府，后檄委经理韩公同各坝人夫往渠口挑浚。乾隆二年（1737），渠民毛子等受命办理渠务，会同坝内耆庶派夫丁百十余名抵百石崖，"决去上壅，渠水益浩浩焉"。乾隆十三年（1748），天旱水细，"各坝以兴修水利等情请县核，邑侯王公士毅详府据批兴修水利实与军民有益等语，又文移大马营游府，亦如府移文。于是齐集人夫，刻日兴工"[②]。因这次修治不彻底，乾隆十五年（1750），渠长王咏等将前情复禀县侯曾公，"恩给信牌，联阖坝士庶人夫率由旧章，再事修浚，二淤塞日周通，细流日洪大矣"[③]。从煖泉渠的修治过程看，历次兴修都由政府发起，或是经由政府授权，再由民间办理，这说明国家对水资源具有兴修防治的义务。

---

① 道光《续修山丹县志》卷10《艺文》，《中国地方志集成·甘肃府县志辑》（46），凤凰出版社2008年影印版，第435页。

② 道光《续修山丹县志》卷10《艺文》，《中国地方志集成·甘肃府县志辑》（46），凤凰出版社2008年影印版，第440页。

③ 道光《续修山丹县志》卷10《艺文》，《中国地方志集成·甘肃府县志辑》（46），凤凰出版社2008年影印版，第441页。

2. 控制手段之二——仲裁纠纷

从根本上讲，水权属于国家，但水权的使用和收益归地户所有，国家往往充当仲裁者，依据旧章水规，明确水权的划分、归属、收益及相应的义务。民间水资源管理运行离不开国家的认同，只有经过国家的仲裁与认可，水利管理才具有一定的效力，关于这一点，明清时期的河西走廊表现得尤为突出。

镇番县的校尉渠案发生在顺治三年（1646）。武威县校尉沟民筑木堤数丈壅堵截留清水河尾。镇番泉沟镇民数千人呼吁凉州监督府同知张审查此案件。凉州卫王星和镇番卫洪涣受命会堪详查。处理结果是：

> 蒙批拆毁木堤，严饬恶党照旧顺流镇番，令校尉沟民无得拦阻。①

地方政府在上游武威校尉沟民无理截留水源一案上主持了公道。

羊下坝案发生在顺治五年（1648），也发生在镇番县。武威县金羊下坝民人谋占石羊河东岸，筑坝开渠，讨照加垦。金羊下坝渠民向道府二宪申请垦荒执照，武威县郑松龄镇番县杜振宜受命会查，镇番民人向两县申诉，会查结果：

> 石羊河既系镇番水利，何金羊下坝谋欲侵夺，又滋事事端。本应惩究，姑念意虽萌而事未举，暂为宽宥，仰武威县严加禁止，速消前案。②

由于处于石羊河上下游，武威和镇番历来就因争夺水源发生过众多案件，地方政府一般会本着均平水利的原则对上下游的纠纷进行审

① 道光《续修山丹县志》卷10《艺文》，《中国地方志集成·甘肃府县志辑》（46），凤凰出版社2008年影印版，第180页。

② 道光《重修镇番县志》卷4《水利图说》，《中国地方志集成·甘肃府县志辑》（43），凤凰出版社2008年影印版，第180页。

查仲裁。

再举一例，这是乾隆五十六年（1791）安西直隶州正堂李处理的一件水案，案件起于雍正九年（1731）安西、玉门两处互争水利，经时任督宪批饬，前肃州道踏勘后，定下水规："在睡佛洞下龙王庙上定为水口，其水东北流者六分灌玉门临城各渠，西北流者四分灌头、二、三、四道沟各渠，详明督提各宪立案，并载志乘。"① 这是最初的渠口分水章程。到乾隆四十七（1782）、四十八（1783）、四十九（1784）年间，因玉门农约相继为奸，希图多占水利，将原定的西渠渠口强行堵塞，安西直隶州正堂李公饬令西渠百姓于睡佛洞山麓处另开新渠。因各官受玉门奸民的愚弄，不查档案，"竟指原定之渠口为新冲，新开之渠口为原定，以致玉县奸民得计，而安西良民受害"②。后经李正堂细查案卷，翻阅志乘，"仍照旧案书立合同，各执一张，永远遵守，又备两张于安玉衙门备案，从此以后，民既无所逞其奸计，官亦无所用其偏私矣"③。道光十四年（1834），两地用水纠纷再次爆发，当时处理这件案子的是安西直隶州正堂罗公，处理结果是"仍照历年旧案定为章程"，"安、玉两造同具甘结，其睡佛洞以下三十九丈任凭安民开分灌溉，玉民不得搅阻。其龙王庙以上三百四十四丈任凭玉民开分浇灌，安民不得侵占。从此各分各水，永息争端"④。这个例子说明，国家是水利纠纷之仲裁者，用水规章由国家确认并成为处理水案的依据。国家通过对水规的掌控和维护，以权威仲裁者的身份实现了对社会的控制。

3. 控制手段之三——象征控制

国家控制水权还常常借助祭祀、修庙等手段，即国家借助神灵实现对社会秩序的整合。在河西走廊，祭祀龙王是国家注重水利的表征，地方政府往往将兴修龙王庙作为主要政务之一，体现了皇权与神

① 《安西县采访录》（三）《水利》，甘肃省图书馆西北文献部藏。
② 《安西县采访录》（三）《水利》，甘肃省图书馆西北文献部藏。
③ 《安西县采访录》（三）《水利》，甘肃省图书馆西北文献部藏。
④ 《安西县采访录》（三）《水利》，甘肃省图书馆西北文献部藏。

权的合一。在中国传统社会，龙王被视为消除灾患，保证农业社会的风调雨顺。雍正年间，“敕颁内府，监造法像于直省会城以肃观瞻……而庙在府州县属者，地方官春秋朔望奉事惟谨”①。在新开辟的土地上国家也不遗余力地修筑龙王庙以示对农业的重视。如河西走廊的安西在塞外，乾隆时期，西北边臣常钧奉命分巡安西，并总理屯务。作为地方大员，常钧初到安西就视察水利河渠状况，② 并在小湾安家窝铺筑坝分渠总汇之处重修龙王庙。③ 龙王庙受到国家与民间社会的双重认可，主要是龙王被视为生民的衣食之源。在山丹卫南25公里有一座名叫石嘴山的山，山下有大河一道，名为煖泉渠，这里被山丹渠民称作“衣食源所属”。河源雍堵对下游渠民灌溉会产生极为严重的后果，疏导河水是政府不可推卸的责任。明弘治年间，督御使刘公下令疏导河水。嘉靖二十八年（1549），河水又淤塞，巡抚督御使杨公下令疏浚，经过地方政府的疏导，“河水洋洋，北流活活，泉不壅塞，芜田尽乂”，渠民认为这是“龙之为灵昭昭也”④。这就把龙神显灵与地方政府的作为有机地联系在一起，使政府有了象征性权威的依据，因为有了政府的疏浚，所以龙神才会显灵。龙神司水利，“云雾施雨泽，溢河流，变化莫测……三时藉以灌溉，四季赖以滂沛者，乃以生民利赖之神，听其瞻拜无所，式凭无依，甚非所以谨本原而报神功也”⑤。龙神对生民有功，如果不兴修龙王庙，就无以报答

---

① 《边疆丛书甲六·敦煌随笔》卷上《小湾》，民国二十六年（1937）禹贡学会据传抄本印制，甘肃省图书馆西北文献部藏复本。

② 常钧考察安西有疏勒大河，流自靖逆卫之东南；还有昌马河流自西南。二河发源于祁连山，至上龙王庙汇合后复分为二，一支东北流分三渠灌溉靖逆卫地亩，一支绕靖逆城西迤北过柳沟所属之桥湾。靖逆、柳沟之蘑菇沟、十道柳沟诸水皆流入河，柳靖所属资以灌田者四万三千余亩。参见《边疆丛书甲六·敦煌随笔》卷上《小湾》，民国二十六年（1937）禹贡学会据传抄本印制，甘肃省图书馆西北文献部藏复本。

③ 旧龙王庙是由水利弁兵修筑的，地方政府曾在这里设水利把总，率领渠兵一百名、渠夫五十名就近居住，专司挑浚、修筑、防护之事。参见《边疆丛书甲六·敦煌随笔》卷上《小湾》，民国二十六年（1937）禹贡学会据传抄本印制，甘肃省图书馆西北文献部藏复本。

④ 道光《山丹县志》卷10《艺文》，成文出版社有限公司1970年版，第435页。

⑤ 道光《山丹县志》卷10《艺文》，成文出版社有限公司1970年版，第435页。

龙神的恩泽，这就是修建龙王庙的原因所在。龙神被赋予了象征性的权威，并受到国家的高度认可，神权由此行使着对社会的控制，具体表现有二。

一是杜绝争端，规范用水秩序。镇番（民勤）总龙王庙兴修于顺治初年，根据乾隆时期的碑记记载，“因洪水河水利[①]，蒙本县详府，府宪审详镇道各宪，勒石公署，挪赢余资，重携碑记，使后之人有所观感”[②]。石碑在武威县署和“郡城北门外龙王庙”各立一通。立碑起于武威高沟寨与民勤之间的水利纠纷，立碑的目的在于垂示后人，永行遵守。民国十四年（1925），武威县署的石碑被移至民勤县署，这次移碑的原因是武威小二沟人民从镇河开新沟二道，欲引镇河水，镇番县户民“为镇番水利源流碑现立武威县署，恐致淹没，恳祈恩准，移立钧署，以重水利”[③]。镇番地属沙漠，所有地亩均仰灌于上游武威。自明至清，武威高沟、校尉、羊下等沟位居上流，屡次侵夺，以至于双方争控不断。龙王庙碑所载水利定章，是武威、民勤两地用水的永久水规，民勤县民“诚恐武民恶其不便于己，或致毁损，年久淹没，致纷争，拟恳将前项石碑记，移存钧署，以垂永久”[④]。可见，龙王庙碑记是规范社会秩序的依凭，其所体现的神权恰恰利于对社会的象征性控制。

二是龙王庙的兴建体现了地方权力空间。很多情况下，修筑龙王

① 洪水河案：康熙六十一年，武威县署的高沟寨渠民于附近督宪湖内讨给执照开垦，镇番渠民申诉，奉甘抚委凉州监督同知张、庄浪同治张会同镇番卫洪涣勘验绘图呈详，凉、庄二分府亲诣河岸调查认为，督宪湖是镇番渠民之命脉，高沟寨渠民不得拥阻。事情的原委是：高沟寨的民田被风沙壅压，因此有开垦督宪湖之请。但镇番一卫全赖洪水河浇，此湖一开，下游渠民必受影响。乾隆二年，高沟寨渠民再次兴讼，遭到地方政府的申禁。乾隆八年，高沟寨渠民私行开垦，双方互控，地方政府再次申禁高沟寨渠民严禁开垦，不得强筑堤坝，窃截水利，并刻石立碑于龙王庙。参见道光《镇番县志》卷4《水利考》，成文出版社有限公司1970年版，第216—217页。

② 道光《镇番县志》卷4《水利图说》，成文出版社有限公司1970年版，第220页。

③ 李玉寿、常厚春编著：《民勤县历史水利资料汇编》，民勤县水利志编辑室1989年，甘肃省图书馆西北文献部藏。

④ 李玉寿、常厚春编著：《民勤县历史水利资料汇编》，民勤县水利志编辑室1989年，甘肃省图书馆西北文献部藏。

庙是地方政府与民间权利阶层合力完成的。如明代镇番的龙王宫，其创建“实惟邑侯李公。始终董事则有生员魏景南，监生韩乙科，生员谢保春、吴振南，农官周成，水老胡其卓、吴良华等。至协赞之姓名，捐资之多寡，另书于额，用告方来。……嘉庆龙飞之十九年，邑侯粤东李明府，以名孝廉来莅兹土，依例修祀，目击凋残之状……谋即率作以兴……越二载，倾危已甚，势不能久需时日，但修废举坠，公费浩繁，独立难成，众擎易举，爰命川湖渠坝首领、绅士、农保、水老，各导其乡谕，以事关利赖所在，自必乐输”①。从明代镇番县龙王宫的两次兴建可以看出，每一次龙王宫的兴修都由地方政府与乡村精英②合力完成。

（二）民间水权控制

1. 民间水官和士绅对水资源的控制

民间水官是得到国家认可的管水人员，各地称谓略有不同，比如在敦煌，首先是设立乡农坊甲。自清代以来，敦煌不断有移民迁入，“户民到沙系各处招徕，人口众多，当兹屯田初兴，若不分别稽查，恐难经管约束，用是分为西南、中东、东南、东北、中北、西北六隅，即按隅设立乡约一名，农长一名，每州县设立坊长一名，每十户设立甲长一名，各司其事，如耕耘、灌溉、播种、收成，专以责之农长”③。其次是设立渠长、水利。“户民到沙，既

① 李玉寿、常厚春编著：《民勤县历史水利资料汇编》，民勤县水利志编辑室 1989 年，甘肃省图书馆西北文献部藏。

② 对乡村精英概念的界定有以下几种：其一，在小范围的社会群体交往中，那些比其他成员能掌握更多社会资源，更容易获得权威、尊重、影响力的人，可称之为精英。参见仝志辉《农民选举中的精英动员》，《社会学研究》2002 年第 1 期。其二，认为乡村精英应该在某些方面拥有比一般成员更多的优势资源，他们不仅是地方社会之贤达，而且利用手中资源为社区做出了贡献，对其他成员乃至整个社区结构发挥重要影响。参见项辉《乡村精英格局的历史演变及现状》，《中共浙江省委党校学报》，2001 年第 5 期。其三认为精英就是在村庄中有重大影响的人。参见贺雪峰《村庄精英与社区记忆：理解村庄性质的二维框架》，《社会科学辑刊》2000 年第 4 期。总之，乡村精英就是拥有一定优势资源，对社会运行和社会秩序返回重要作用的人。

③ 乾隆《重修肃州新志》《沙洲上》，《中国地方志集成 · 甘肃府县志辑》（48），凤凰出版社 2008 年影印版，第 361 页。

经授以田亩，水分已定，若无专管渠道之人，恐使水或有不均，易以滋弊。是以于各户内选择熟知水利者，委充渠长、水利之任。每渠一道，渠长二名，水利四名。令其专管渠道使水时刻，由下而上，挨次轮流灌溉，俾无搀越偏枯等弊，则良田千顷均沾水利矣。"① 明清时期，河西走廊的水官中，"水利老人""治水老人"也极其普遍，张掖县的吴始祖，"洞子渠人，清初夏月暴雨终朝，冲破洞口，渠民屡次修筑，水势迂缩不入，时吴始祖为治水老人，情急投水自死，水忽盈，渠畅流田，数千顷赖以浇灌，受到渠民的称颂"。可以看出，清初敦煌的民间水官是由国家设立和认可的，这些人负责渠道的巡查、管护、修筑以及水规的制定等，是地方社会的权力层。

在河西走廊，士绅也是水权控制圈的主体之一，作为地方社会的知识精英，他们社会地位突出，是社会控制的主体之一，他们和水官共同参与民间水资源的运行和管理。日本学者森田明在考察了民国时期华北的水利组织后认为，担任渠长的人不一定要有土地等经济条件作为基础，但必须具备高尚的人格和威望。此外，乡绅阶层中的地主、富农也在水利运作中发挥着重要作用。② 民国东乐县志载："县境分为五台，台有坝，坝有约，约有耆约、渠甲等供水利粮草各差。凡有细故争讼，先质于耆约，径诉县署者听之。计全县共分二十一约，有耆民乡约兼设者，有耆民而无乡约者，充当之法，一年一易，士绅共同商举，呈请地方官扎委，凡依科集捐供支兵差清查奸宄，一均细故之裁判，公令之宣布皆责成之，甲差则系按粮轮当，各约多寡不等，亦因地制宜之道也。"③ 士绅是民间社会权力结构中的主体之一，对民间水利的管理和维护社会公平及秩序发挥着不可替代的作

① 乾隆《重修肃州新志》《沙洲上》，《中国地方志集成·甘肃府县志辑》（48），凤凰出版社 2008 年影印版，第 361 页。

② ［日］森田明：《清代水利社会史研究》，郑樑生译，台湾"国立"编译馆 1996 年版，第 363 页。

③ 民国《东乐县志》卷 1《保甲》，《中国地方志集成·甘肃府县志辑》（45），凤凰出版社 2008 年影印版，第 50 页。

用。如山丹县的黄璟，山西平定州举人，道光七年任，“捐俸于城关建义学二所，继又于各堡寨设立义学八所，垦田数十顷，为诸生赴闱资，购书数十种，贮书院内，旌扬节义，鼓励民风，续修志文，流传旧典，定草四坝水利章程”[①]。山丹的马良宝，“庠生，有干材，见义勇为，均煖泉渠水利，河西四闸强梁见其公正不曲，夜馈盘金劝退步，良宝责以大义，馈者惭去，于是按粮均定，除侵水奸弊，渠民感德”[②]。还有毛柏龄，“庠生。正直不屈，果决有谋，均煖泉渠水利，秉公剖析，人称铁面公。厥子汉羽疏通渠水，凿修渠口，亦大有乃父风。”[③] 可以看出，士绅既有身份地位，也品德高尚，是地方社会的楷模。民勤县的孙克明，康熙三十九年（1700）进士，是一个为地方水利事业做出贡献的人物。“镇邑地多沙患，康熙四十三年（1704），（孙克明）率邑民王泉等呈请于东边外六坝湖移垢开垦，贫民赖之。”士绅和水官有时也身份合一，如民乐的张学书，“字三味，六坝人，孝友婣睦，好善崇儒。办公二十余年，人无闲言，任水利农官时，严禁偷伐山木，死垦山坡，以护水源而益地方，坝民德之”。同县的张世儒，“同治时遭兵燹，经理粮局，勾稽出入，人服其公。时值天旱，头坝倒岸数十丈，世儒督率坝民修筑，不数日而工成，灌溉有资，人心欢洽，有匾曰耆德堪钦”[④]。

2. 乡村势力对水权的控制

地方势力采取不同的方式实现对水权的获取和控制。首先通过水的买卖来获得更多的利益。明清以来，河西的水权是可以买卖的，一般是水随地走。在土地兼并严重的时期，一些大户人家，利

---

① 道光《续修山丹县志》卷7《人物》，《中国地方志集成·甘肃府县志辑》（46），凤凰出版社2008年影印版，第230页。

② 道光《续修山丹县志》卷7《孝义》，《中国地方志集成·甘肃府县志辑》（46），凤凰出版社2008年影印版，第275页。

③ 道光《续修山丹县志》卷7《孝义》，《中国地方志集成·甘肃府县志辑》（46），凤凰出版社2008年影印版，第275页。

④ 民国《东乐县志》卷3《人物》，《中国地方志集成·甘肃府县志辑》（45），凤凰出版社2008年影印版，第196—197页。

用各种手段占有大量的土地和水，“每年种一部分，歇一部分，不但田禾浇足，就连草湖也泡过了，并将多余之水反过来，高价卖给农民”[1]。地方势力通过占有和控制水权中饱私囊。例如，民国时期，临泽三坝的户民刘永恒当了几十年的“渠主”，因功挣得了一份浇树园子的水，实际该园子树并不多，仅是一片荒滩。渠民为了不使这份水浪费，想转浇其他旧地得事前请酒席“让水”，事后还要送粮食“酬谢”[2]。永昌和民乐还有一种“农管水”和“总甲水”，每年谁当农官和总甲，就给谁一昼夜水，别人不可侵犯。民乐小坝渠有一道饮马沟，[3] 民国时期，被地方大户据为己有以谋取利益。张掖洞子渠初开时，一吴姓大户将同族的哑巴用来祭祀龙神，由此获得了世袭“农官”的职位以及一口斗口大的长流水的水权。乾隆时期，民乐河东坝大户张姓家族也因买了哑巴祭龙神，因此获得了二尺五寸水口的特殊水权。[4]

其次通过玩弄分水制度来获取更多的水权。在河西走廊，灌溉用水时通常采用点香的办法计算水程，即按 12 个时辰燃香计时。燃香过程由地方势力操纵，鄙陋极多。如：

> 燃香时则有干、湿、粗、细以及榆面香和含硝药香、香头迎风和背风等等之分别，有用夹底香盒暗点整板香炔，加快上层香的燃烧速度，偷插香头，和刮去香上硬皮的种种弊端。……有的地方有专管点香的人，农民称之为“活龙王”，这些人在点香之际，大肆敲诈勒索，农民在浇水时，给送肉、送饭、送馍、送

---

① 《河西志》（上编），中共张掖地委秘书处 1958 年编印，甘肃省图书馆西北文献部藏。

② 《河西志》（上编），中共张掖地委秘书处 1958 年编印，甘肃省图书馆西北文献部藏。

③ 据说是清雍正年间，洪水营守备专为饮马的一条沟，后来虽无马可饮，但这一规定相沿了二百多年不能变更。参见《河西志》（上编），中共张掖地委秘书处 1958 年编印，甘肃省图书馆西北文献部藏。

④ 《河西志》（上编），中共张掖地委秘书处 1958 年编印，甘肃省图书馆西北文献部藏。

瓜、送钱、送烟，等等，否则对浇的时间扣得更苛。[①]

永昌的宁远大坝除了白天燃香浇水外，晚上实行“浇乱水”，即从“起更”“放二炮”开始至半夜鸡叫时，可以乱浇水，不受制度的规定。此时，人多的大户相较人少力弱的小户更是处于优势地位，并进而获得更多的水权。用水制度本身的漏洞，也给乡村势力留下了钻营的机会。比如河西走廊实行的干沟湿轮制度，[②] 规定在浇水日期内，不论有水无水[③]，不论水大水小均为一轮，如果浇到中间沟干了，第二轮仍从头浇灌，这个规定从次序上体现了公平。但在实际运行中，每遇沟干的情况发生，乡村大户倚仗自己的势力截灌头水，又不受惩罚。而小户穷民一旦截水偷灌，便以“犯水”论。这说明乡村大户可以通过违背水规章程来霸占更多的水。再看“上轮下次”和“下轮上次”制度，也就是自渠首到渠尾，或从渠尾到渠首，依次浇灌。每从头到尾或从尾到头，浇灌一次为一轮。每轮的天数各地不同，有十天或十五天不等。这种制度有永久定案的，也有临时议定和混合使用的。无论哪一种，都受到地方势力的影响。比如，混合使用者，第一轮若浇不完者，第二轮即为“下轮上次”，就是要自下而上地浇灌。在此期间，巡水的“差甲”除了偷卖一部分水，还会给上游的大户送一部分水，即所谓的“人情水”，以求其对自己的舞弊行为进行包庇。“差甲”卖水又有常年和临时的分别，以酒泉、武威等地为例：

卖一寸香的常年水约可得一石二斗（约450斤）麦子，如临时卖浇一亩地的水，则需二斗麦子。武威卖一亩地的水，可得

① 《河西志》（上编），中共张掖地委秘书处1958年编印，甘肃省图书馆西北文献部藏。

② 干沟湿轮是河西走廊一种传统的灌溉方式，在浇灌时即使出现了无水情况也算一轮。沟干指灌溉水源不足，在这种情况下，大户截灌头水，以防止自己田亩出现沟干现象。

③ 有水无水都算浇一轮水，从灌溉形式上看似乎是公平的。

二、三斗麦子。民乐卖一亩地的水可得四斗麦子。民勤卖一亩地的水可得一斗麦子。安西卖一个时节（二小时）的水可得二斗麦子。[①]

“差甲”是管水人员，大户是地方势力，两者共同构成民间社会的权力阶层。他们通过不同手段获取和控制水权，实现了他们各自的利益。

3. 不同利益集团在分水、用水权上的博弈

在河西走廊，县与县、村与村、坝与坝之间形成不同的利益集团，每一方都尽可能地争取自己的水权控制范围，水权博弈的结果受制于诸多因素，如自然原因、势力大小、水规水例等，具体表现为以下几点。

首先是上、下游的县与县之间的博弈。

高台县位于河西走廊黑河中游，土地肥沃，向有“米粮川”之称。但境内气候干燥，雨量稀少，农作物生长皆依灌溉，30%以上的灌溉水源依靠黑河中游的潜流。每年夏季作物需水最紧急的时候，黑河中游的潜流一般会减少，仅有的农作物生长灌溉水源也会被上游渠道节节截引。“解放前每年常有三万余亩良田无水灌溉而受旱，约10万亩农田灌水无保障。”[②]

黑河下游的鼎新县与金塔的天夹营以及高台县正义五堡，共有耕地八万八千多亩，每年立夏后，黑河水全部被上游各渠堵引断流，直到天气炎热，河水高涨时，才可长流灌溉。芒种前后，夏禾迫切用水之际，河水离涨尚远，所有夏禾耕地皆赖旧有均水制度灌溉。然而，河床沙多面宽，长期干晒，再加路途遥远，蒸发和渗透的水量很大，所浇之地十分有限，金塔、鼎新常年遭受旱灾。旧有的均水制度也存在一定的缺陷，如规定“在芒种前十天闭临泽、高台上游所有渠道

① 《河西志》（上编），中共张掖地委秘书处1958年编印，甘肃省图书馆西北文献部藏。

② 张掖专署水利局编：《五十年代水利工作参考资料》，甘肃省图书馆西北文献部藏。

（高台柔远渠、三清渠和临泽的小新渠例不闭口），分给高台正义五堡七天，金塔、鼎新三天”[①]。这是清雍正时期，由年羹尧制定的分水章程。这个水规虽然照顾了下游各地的灌溉，但仍存在不合理的地方，高台正义五堡只有耕地26000多亩，占了分水量的十分之七，鼎新和金塔的天夹营共有耕地62000多亩，且距离正义五堡都在一百里之上，却只占均水的十分之三。黑河上、下游的用水矛盾自明代以来就十分突出，经清雍正时期年羹尧分水方案的确立后，下游才得以少量的灌溉。上下游博弈的结果以政府介入告一段落，但到清末民国时期，双方矛盾更为激烈。上游既有得天独厚的优先灌溉权，又有不合理的均水制度的庇护，在双方的博弈中始终处于优势地位。

再如金塔（下游）和酒泉（上游）的用水情形，清乾隆二十七年（1762）时规定金塔得水七分，酒泉茹公渠得水三分。但实际上，金塔一分水也得不到，每年双方为水争斗。1922年，经安肃县同两县县长商定，“各得五分，并于河口镶平，每年立夏后五日分水”[②]，即使在政府的介入下制定了新的章程，但金塔仍不能得水，除非遇有洪水，酒泉渠道盛不下，才会流到金塔。在没有办法的情况下，金塔只得贿赂酒泉渠口水差，故意以倒坝为名放一点水，俗称“漏水”[③]。这点水只能在金塔坝上浇，而其他如王子庄六坝则根本浇不上。王子庄六坝夏禾一般浇一次冬水或春水后才能播种，播种后如遇不到洪水，就只有在干地里拔收，所以金塔自来就有“十年九旱”的说法。金塔和酒泉的用水矛盾与上述例子相同，都是上游在占得用水优先权后，无视下游的存在。在水资源供需矛盾日益突出的情况下，即使制度也无法制约上游的行为，最终弱势一方要么由国家强制介入来获取水权，要么在水权博弈中出局。

---

① 《河西志》（上编），中共张掖地委秘书处1958年编印，甘肃省图书馆西北文献部藏。

② 《河西志》（上编），中共张掖地委秘书处1958年编印，甘肃省图书馆西北文献部藏。

③ 《河西志》（上编），中共张掖地委秘书处1958年编印，甘肃省图书馆西北文献部藏。

其次是村与村、坝与坝之间的博弈。

村与村、坝与坝也因不同利益诉求而形成不同的博弈方，其结果多取决于渠道的上下游、利益集团势力的大小等。如明清以来，河西永昌县东乡和西乡势力较大，因此取得了较大的用水权，而境内宁远堡势力弱小，用水权也相应较小。到民国，宁远堡的渠民甚至连吃的水都不够，当地都流传“东乡老虎，西乡狼，宁远堡是死绵羊”①。张掖齐家渠的三十多个闸，每闸的闸板上都开有一个碗口大的窟窿，名曰“金斗月牙”，下游的农民给上游村庄势力送了礼后，才能堵塞“金斗月牙”，下游也因此才能获得较为充足的灌溉水量。② 民勤一县之内分为内河和外河两大区域，内河被称为坝区，外河被称为湖区。每年从谷雨到小雪止全为坝区浇灌，遇着水多的时候，即使浇泡闲滩，都不给外河放水。每年小雪后至次年谷雨前，为湖区浇灌，这是每年一次的湖区冬水浇灌。这种均水制度明显不合理，坝区比湖区享有更多的水权。

小　结

汉唐时期，河西走廊的水利管理已经发展到相当的高度，至明清时期，民间水利管理趋于成熟。民间水资源管理的形成离不开国家对河西走廊水政的重视。明清以来，伴随着民间社会自治程度的提高，水资源管理的自治化程度也相应加大。但就河西走廊而言，水资源管理一直是在国家和社会的双重作用下进行的。由于管水章程来自民间，切合实际，便于操作，一直受到官府的认可和推崇，这使得分水制度更具有执行效力。在水资源供需矛盾日渐突出的背景下，分水章

① 鼎新县也流传着“上老虎，下大王，中间夹着死绵羊”的说法，都是地方利益集团因势力大小而决定用水权大小的形象写照。参见《河西志》（上编），中共张掖地委秘书处 1958 年编印，甘肃省图书馆西北文献部藏。

② 《河西志》（上编），中共张掖地委秘书处 1958 年编印，甘肃省图书馆西北文献部藏。

程成为官民共同维护社会秩序的依据和准则。在水资源管理内容中，值得一提的是龙王信仰所产生的象征性管理，龙王信仰是官民共同维护社会秩序的手段。

明清以来，国家对社会的管理存在一个弹性空间，其对社会的干预也有一定的限度。在这样的背景下，以水规章程为原则，以国家为权威仲裁者，以民间精英为管理核心，借助龙王信仰，河西走廊水利社会在治乱的循环中维持自身的运行，在社会秩序被打破，社会矛盾可承受的范围内保持了相对的稳定。

第四章　明清以来河西走廊水资源供需矛盾的表现及成因

河西走廊水资源变迁经历了一个漫长的历史过程，明清以后，水资源供不应求的情况日益突出。用水矛盾成为社会的主要矛盾，正如史载："翻一翻历史，查一查县志，看一看今日的争案，就完完全全、确确实实地知道，从古到今，这里每县的人们一致认为，血可流，水不可失，持刀荷锄，互争水流……一闻争水，惊心动魄，结果之惨，不知如何，但不争之处，水流亦常年不到，则其凄苦，亦百里五十里不同也。"[①] 视水如血，这是只有这个靠近沙漠边缘的绿洲上的人们才有的深刻体会。

明清以来，用水矛盾的突出问题一直不能得到有效的解决，究其原因就在于"方法固一仍旧章，而水亦实不足以济规定了……争案愈多，死伤愈重，虽竭力尽智解决，仍不能收短时之效"[②]。这类争案，以两县交界之处为多，如玉门、安西两县之争疏勒河水，"年有数事，争斗时起，死伤时闻"，民国时期，两县还曾合组水利委员会专管分水之争，但争者依旧如故。又如武威、民勤之争洪水河水；武威、永昌之争乌牛坝水；金塔、酒泉之争讨来河水；张掖沤波渠与临泽沙河堡之争黑河水等情况大致相类，都是水资源供需矛盾情况下，解决机

---

① （民国）江戎疆：《河西水系与水利建设》，《力行月刊》1943 年第 1 期第 8 卷，甘肃省图书馆西北文献部藏。

② （民国）江戎疆：《河西水系与水利建设》，《力行月刊》1943 年第 1 期第 8 卷，甘肃省图书馆西北文献部藏。

制滞后造成的。江戎疆先生指出：

> 惟分析其所以争之原因，主要者当然是水之根本不够浇灌，但人民尤其是河西的人民，对靠天吃饭的观念特别深固，所以若上游真的无余水可至下游，那下游的人民只可诉之天命。故各地争案之起，还是在于分水之法未尽善；交界处之土劣士绅借势强夺，不按规定；一方人民之偷挖水渠致使另一方的愤怒；贪官污吏之借私偏袒，甚至怂恿民案，行暴豪夺。①

如酒泉、金塔二县之争水，讨来河水向来为两县人民所浇灌，民国二十年（1931），酒泉某县长莅任后，因搜刮民脂民膏，私囊充裕，在酒泉南关外置田八十余石，为便其私人浇灌，竟唆使酒泉人民暴动，殴打金塔县县长，此后水利几乎为酒泉独占，后任县长亦因前案有例，致使酒泉在用水分配上得惠较多，也因此两县私怨愈结愈深，甚至喊出“宁使余水流湖滩，不使金人少得利”②。“水不足以济规定”是用水矛盾无法彻底解决的主要原因。就深层次的原因来看，生态环境的破坏、生产方式的落后、经济社会的衰弱等都对河西走廊水资源供需矛盾产生了不容忽视的影响。

第一节　水资源供需矛盾的表现

在河西走廊，水资源供需矛盾最直接的体现就是争水事件频发，其原因不一，有的是因上游截水引灌引起下游进水量的减少；有的是水利设施失修引起双方用水纠纷；也有分水章程不合理引发等。频繁的用水纠纷严重影响了水利社会的秩序，成为明清以来河西走廊难以

---

① （民国）江戎疆：《河西水系与水利建设》，《力行月刊》1943 年第 1 期第 8 卷，甘肃省图书馆西北文献部藏。

② （民国）江戎疆：《河西水系与水利建设》，《力行月刊》1943 年第 1 期第 8 卷，甘肃省图书馆西北文献部藏。

消除的社会问题。其表现主要有以下几种。

一 拦截私浇、偷掘渠道、紊乱水规引发的用水纠纷

偷掘渠道、紊乱水规引发的用水纠纷在河西走廊十分普遍。石羊河流域的武威和民勤用水矛盾由来已久。民勤水源来自武威，经红水、白塔诸流汇入石羊河，自古以来，民勤和武威在龙王庙（在武威境内）共立碑碣，凡民勤水源流经之处不许武威人民开垦地亩，泉水流经之地不许拦截浇灌。民国时期，两县共立的碑碣因年远丢失，记载无存。因此之故，“上流人民或填没泉源，或中途拦浇，因之水流微细，以本县（民勤）已垦之田亩因缺水分而致荒芜者，不知凡几。近年荒旱频仍，灾患连县，其原因胥在于此。本县虽屡经交涉，毫无成效”①。

民国时期，河西走廊黑河流域鼎新县历年于芒种节前十日由县长带领民夫亲往高台、张掖、临泽各县会同各县长循例分水灌溉高台、鼎新农田。政府出面就是为了平息社会矛盾，稳定社会秩序。民国三十七年（1948），因沿途民众偷掘渠口灌泡草湖，紊乱水规以至于鼎新灌溉水量严重不足，并酿成水利纠纷。次年均水期间，鼎新县渠民为防患向县府呈请报告，“本年度均水期近，自应仍照成案循例办理。恳祈钧府于均水以前分别电饬高临张各县届时严令所辖沿途民众坚闭渠口，不容偷泡草湖，减少下游水量，俾我边远小县民众普沾水利以重民生而免纠纷”②。可见，拦截私浇、偷掘渠道、破坏成案是引发几地用水纠纷的主要原因。

疏勒河流域的安西和玉门在历史上曾发生持续的用水纠纷，以皇渠为例，皇渠在玉门县境内，清雍正年间安西兵备道王全臣奉旨开凿，浇灌安西南北小湾、无营、临城等五百户田地。皇渠总分十

---

① 《请转请省府开浚本县水源以重民生案》，1948 年，甘肃省档案馆，档案号：38－1－121。

② 《为呈请县府均水期近请严饬高张临各县制止沿途民众偷掘渠口灌泡草湖以免纠纷而重民生事由》，1950 年，甘肃省档案馆，档案号：38－1－126。

道分水口，每道分水口都定有严格的尺寸和灌溉时日，[①] 以规范安西和玉门两地的灌溉用水量。清末民初以来，玉门铁车坝等户民“对于皇渠之水挟近刁窃，各开私口。民国十四、十五两年安西大旱，点滴不流，致兴大讼”[②]。在地方各级政府的强制下，“所有私口一律堵塞”，为照顾玉门也为平息争端起见，酌情修改“旧章”，“由皇渠内让水一分，定为铁车坝坪口，令黄花营人民固修铁车坝石渠，安西九分，玉门一分。并令黄花营人民巡视安西皇渠，若有私开水口，不加制止者，该处人民须受责处。案定后，倘玉民由皇渠私开水口，按照妨害水利科罪，并饬令赔偿安民田禾损失”[③]。可以看出，直到民国，安西、玉门两地的用水纠纷主要是玉门私开渠口所造成。

二　水利设施失修，双方推诿导致的纠纷

1949 年，高台县三清渠与临泽县小新渠之间因水利设施失修发生纠纷。临泽小新渠渡槽是向高台三清渠引水的一条管道，因“水侵日晒，槽道木料大部破坏。近年来，每于用水之期，必得准备大量材料守地补修，一旦失慎，不惟本渠数万亩农田遭受旱灾，即临泽小新渠人民亦受株连之害”[④]。渡槽失修严重影响高台三清渠的用水，在无力负担的情况下，只有呈请政府解决，“代表等为谋奠定水利基础，免除一切纠纷起见，自应设法筹备，从事修建，当经召集各单位民众代表会议几度讨论进行，惟依表列材料数量最低估计……兼之过去水利不调，渠民积债累累。近年以来，均虽节衣缩食，然对债务总未尝

---

① 如第一道分水口皇闸湾系长流分水口，玉门三尺，安西七尺；第二道分水口芨芨台先年玉门每月分水十一昼夜，于同治年改为长流分水口，玉门二尺八寸，安西七尺二寸；第三道水口黑沙窝先年十分水内玉门取二分，至同治变乱后改为昼夜口岸，玉门每月初一日起五昼夜，十五日起四昼夜……参见曹馥修纂《安西县采访录》，1930 年，甘肃省图书馆西北文献部藏写本。

② 曹馥修纂：《安西县采访录》，1930 年，甘肃省图书馆西北文献部藏。

③ 曹馥修纂：《安西县采访录》，1930 年，甘肃省图书馆西北文献部藏。

④《呈为修建渡槽民力不逮恳祈钧会鉴核府赐转请省府核拨贷款以资扶助裨竟全功事》，1950 年，甘肃省档案馆，档案号：38－1－126。

清。兹负偌大工程费用，实为挟山超海，力难克胜。无如小新渠渡槽基础破坏不堪，补修倘不积极，势必影响水利，复遭饥馑。处此忧难之际，只有代表全渠人民恳祈均座电鉴俯赐垂念民艰，迅予主持转请省府核拨水利贷款俾利筹备早观厥成，如蒙喻允，则全渠人民感戴仁慈永无涯矣”[①]。从这个案件可以看出，双方用水矛盾主要起于三清渠民无力维修渡槽，而两渠渠民以往遵守的旧规陈章已无法缓解水源的供需平衡，只有国家的刚性介入（经济扶助）才能解救燃眉之急。

民国时期，临泽县小鲁渠和高台县丰稔渠之间的纠纷也属于这一类型，不过此次纠纷因两县地方政府的相互推脱而变得更为复杂。临泽小鲁渠开自明朝万历年间，渠线由南而北。清康熙年间，高台渠民新开渠一道，即丰稔渠，渠线自东至西，水道相交之处，高台渠民将临泽小鲁渠挖切两段使之不能通水。当时双方兴讼数年，经两县县官订立水利成案，由丰稔渠（高台县）在挖断之处修塔过水，凳槽一架名为高凳槽，每年由丰稔渠自行修理。办法是“春修冬拆，开水之后，由该渠派夫二名巡查，以防冲倒，双方同意订立成案，历年照旧相安无事”[②]。民国三十三年（1944），高台丰稔渠呈请水利工程师将凳槽下部用石条修成，而上部仍用旧板作就两岸，码头用土堡压垫。高台渠民自以为该渠不再需要修理。民国三十四年（1945），凳槽木柱被偷攀，两块木板四散不能通水。由于高台丰稔渠不遵守之前与临泽小鲁渠订立的水利成案，[③]“民（临泽小鲁渠）等一再呈请临泽县

① 《呈为修建渡槽民力不逮恳祈钧会鉴核府赐转请省府核拨贷款以资扶助裨竟全功事》，1950 年，甘肃省档案馆，档案号：38 -1 -126。

② 《为据情转请令饬高台县丰稔渠修理本县小鲁渠高凳槽以维水利请鉴核由》，1950 年，甘肃省档案馆，档案号：38 -1 -126。

③ 水利成案是指：自民国三十三年修复后约可保固三年，三年后由省政府令饬水利林牧公司转令张掖工作站将槽梆一律改为石质以资经久；三年内若有损坏情事由小鲁渠备工，丰稔渠备料。但民国三十三年修复后已经经过四年，下部石条去年已经倾倒四散，该渠（丰稔渠）并未照案修理，本年再若不修，影响全部工程非浅。小鲁渠民只得具情呈报钧府鉴核函转高台县令饬丰稔渠备工速修，并请转报省政府令饬水利工作站督导一律改修石质。参见《为据情转请令饬高台县丰稔渠修理本县小鲁渠高凳槽以维水利请鉴核由》，1950 年，甘肃省档案馆：38 -1 -126。

前任黄县长函转高台县政府令饬该渠照案修理，当经高临两县县长及水利工作站谭主任亲临查实，新订水利案件，呈报甘肃省政府核准并由临泽县政府布告有案”①。虽经各级政府的饬令督促，高台丰稔渠仍不遵守水利成案，拒绝修理凳槽与码头，② 临泽小鲁渠不能开水，并面临断水危机。

修水塔、架凳槽本是高台、临泽两县互沾水利的举措，维护修理是两渠享用水权后应尽的义务，丰稔渠无视自己的修理义务，致使小鲁渠渠民面临用水危机。高台丰稔渠和临泽小鲁渠的纠纷越闹越大，在上级政府的饬令下，高台县政府拿出了解决办法，即决定负担一部分工料修理。③ 临泽县对此不服，双方僵持不下，④ 双方政府的扯皮推诿，特别是高台县（不遵守成案）使问题更趋复杂，由此可以看出，此一时期，国家在应对用水危机上表现出很大的局限与不足。

---

① 《为据情转请令饬高台县丰稔渠修理本县小鲁渠高凳槽以维水利请鉴核由》，1950年，甘肃省档案馆，档案号：38－1－126。

② 该渠（丰稔渠）渠夫转眼挖至渠口，从槽经过并未照案修理，凳槽、码头业已颓塌不堪，该渠于立夏前十日即予开水，若开渠更难修理。该渠办水人员故意破坏成案，违抗政府法令。参见《为呈请严饬高台丰稔渠修理本县小鲁渠高凳槽以维水利请核事由》，1950年，甘肃省档案馆，档案号：38－1－126。

③ 高台县府悉遵，即分函张掖水利工程区及临泽县政府拟定四月二十九日会商办理，同时令派本府科长范立贤会同周工程师率领丰稔渠水利渠长等准时前往临泽商办。去后，旋据范科长报告查该凳槽南梆上层木板北端损坏长约三市尺，厚二市寸，其余材料均属完整。当同周工程师前往临泽县政府，由袁县长主持召集小鲁渠民众代表、丰稔渠水利人员开会，商讨决议。本年暂行更换木板一块，由张掖水利工程区派员监修，所需工料由高台丰稔渠负担五分之四，小鲁渠负担五分之一。至以后修理或改建石质工程，由临高两县政府呈请省政府拨款办理。参见《为呈复遵令会办临泽县小鲁渠高凳槽修理情形一案请钧鉴核查由》，1950年，甘肃省档案馆，档案号：38－1－126。

④ （临泽县）悉查本县小鲁渠开渠在早，高台县丰稔渠开渠在后。因之切断小鲁渠渠身另搭建渡槽通水，依照过去成案，此项渡槽例由高台丰稔渠负担修理。惟自民国三十四年修理后，迄今四年再未补修，现渡槽槽梆木板已辅修一块有漏水之虞，两岸石码头亦多倾颓，在石渡槽未修理更换完成以前，自应仍照成案由高台丰稔渠负责修理，未便由本县小鲁渠负担工款。……查高台丰稔渠灌溉地区较大，人民富力殷实，现已于四月二十三日开水，而小鲁渠则因灌溉区域甚小，民穷力薄，迄今尚未开水，农田已若受旱，若再变更成案，纠纷则必更大，为顾及双方利益及维护两县人民感情计，自应仍照成案饬令高台丰稔渠负责修补较为久当。参见《为呈复小鲁渠高凳槽应由丰稔渠修理请鉴核由》，1950年，甘肃省档案馆，档案号：38－1－126。

三　分水办法不合理导致的用水纠纷

鼎新、高台两县分水办法始自清雍正年间，当时鼎新县四堡（济济堡、东升堡、西静堡、双城堡）尚未开垦，故未加入，以至于形成只有毛目、双树二屯地才能均水的习惯。民国十八年（1929），屯田一律改为民地。民国三十二年（1943），鼎新县负担按堡均摊，不分旱地、水田。但均水期间，却仍循旧习，“均水期间，决分屯、科，不稍提携……（四堡代表）呈请剔除屯、科陋习，一律浇灌均水”[①]。鼎新四堡代表上呈案件后，经地方专署调查，该县浇灌均水“仅有屯先后科之别，并无科地不得浇灌之例，惟科地民众所有与高台分水所需工料使费迄今并未分担，以致未能平均分水”[②]。地方专署的态度很明显，只有鼎新四堡民众负担了和高台县分水所需的工料费用即可分水。鼎新县府随即召集屯、科代表，讨论制定了“不分屯课，平均水利”的办法。后因官民不合，以致地方兴革事宜诸多停滞，鼎新四堡“近两年以来，未见点滴均水分润，而屯科沿习尚存事实。查土地早已清丈完竣，配赋时又按水田分配实行有年，四堡科地仍未均水，若不能剔除屯科陋习，则科地应按旱田配粮较为公允。是以收益少而配赋多，水分无而负担同，以致四堡科地人民饥寒交迫，苦不堪言”[③]。这就是说在国家清丈土地改屯为科后，四堡土地一律按水田负担赋税，但分水习惯还是沿用旧例，以至于四堡土地得不到均平的灌溉。在这个案件中，水资源供需矛盾主要是由于制度滞后造成的。国家制度和民间习惯在博弈的过程中，民间习惯往往占取上风[④]。

---

① 《剔除屯课陋习一律浇灌均水恳祈电鉴作主准予不分彼此一律浇灌以昭公允由》，1946年，甘肃省档案馆，档案号：38－1－114。

② 《剔除屯课陋习一律浇灌均水恳祈电鉴作主准予不分彼此一律浇灌以昭公允由》，1946年，甘肃省档案馆，档案号：38－1－114。

③ 《剔除屯课陋习一律浇灌均水恳祈电鉴作主准予不分彼此一律浇灌以昭公允由》，1946年，甘肃省档案馆，档案号：38－1－114。

④ 为什么说在这个案件中，民间习惯占取上风？鼎新四堡民众代表上告后，“旋奉省府批示，饬由县府查覆核夺。而前张县长恐蹈屯、科纠纷祸辙，忽视此案”。参见《为呈请实现剔除屯科陋习一律浇灌均水由》，1946年，甘肃省档案馆：38－1－114。

四　土地扩垦引用水源引起的纠纷

九墩乡位于武威县城北约30公里，西北紧靠石羊大河，南与白塔河相邻。九墩沟原为泉水灌溉，后因耕地逐年增加，于明万历四十年（1612）挑挖上沙沟渠道一道，在白塔河开口引水。清初，随着地亩的续增，先后在上沙沟渠的西边，增开了下沙沟和水磨沟两条渠道。嘉庆十三年（1808），九墩户民禀准开垦东岗政府荒地，因田亩增加，又在白塔河与石羊河汇流处新开一道渠口，引灌石羊河。上流的大量引灌，直接威胁到下游民勤的生产生计，引发了民勤户民大规模地控告官府。有清一代，因上游的截灌，[①] 导致双方用水矛盾日益激化。明清以来，双方主要通过限制水口和限制堵坝的办法来解决矛盾，但由于河槽冲淤不定，经常变迁，引入流量往往达不到预期的要求，致使问题不能从根本上得到解决。武威、民勤的用水矛盾反映了土地扩垦以及沙漠化带来的水资源供需紧张。

民国二十七年（1938），上游红柳墩及六坝坝区因“盗湖”事件，引发了湖、坝两区“一一五水案”，其惨烈之状在民勤历史上都屈指可数。为什么红柳墩及六坝要“盗湖”？红柳墩本是不毛之地，开发较晚，时水规业已制定，不易更改，因此给红柳墩排的水期在全县水期之末，即清明以后的十昼夜。按水规，清明之后，红柳墩才能收河以灌其田亩，但收河提水所消耗的人力物力大，加之此时灌溉，水期太迟有碍耕种，因此便产生了“盗湖”行为。民国二十七年（1938），由于天旱水微，坝区的“盗湖”更是激起了下游湖区的愤

---

① 嘉庆十八年，经地方政府查明，令将此沟堵塞，然当时沟已经被沙壅压，不能通水。咸、同之交，九墩户民又在老渠口附近开口引渠，当时因民勤相距遥远，尚未发现。至光绪年间，因旱河水甚少，九墩户民又在渠口以西沙咀处向南堵草坝一道，长十余丈，伸入河身，直截石羊大河之水，并将白塔河水圈入坝内。于是民勤户民再次上控，经甘凉兵备道铁珊判决，承认九墩新开沟口，限定沟口宽度为一丈五尺，并将九墩沟以西的大史家湖断给民勤。参见李玉寿、常厚春编著《民勤县历史水利资料汇编》，民勤县水利志编辑室1989年，甘肃省图书馆西北文献部藏。

怒，双方积怨彻底爆发。[1] 民勤县湖、坝两区的用水矛盾，还是起因于坝区新垦之地的灌溉之需，旧的水规不能适应新的生产发展，在这种情况下，社会失序是难免的。

五　上游紊乱水规造成的用水矛盾

上下游的用水矛盾在河西走廊十分普遍。

例如，黑河流域的鼎新县（今金塔县）与高台县历史时期水利纠纷频繁。鼎新县地居黑河下游，土质瘠薄，四围沙漠，气候干旱。每年夏令，上游张掖、临泽、高台等县各渠口将河水截留，滴水不容下流。鼎新县全赖芒种节前十日循例均水，以资灌溉夏禾。高台县属三清渠原有旧渠，容水有限，向不闭口。民国三十四年（1945），高台另开辟新三清渠以满足其灌溉之需，新三清渠渠身扩大，吸收河水过多，“除将田亩浇满灌足外，并将荒滩草湖原野之地灌泡成泽，以致本年（民国三十五年）均水期间不让封闭渠口，使黑河之水量小流缓，本县（鼎新）应分芒种节三日之水流至鼎新而五处屯地仅将双树、上元、宇宙、维新、四维等堡夏禾浇灌十之七八，其东明、胜利等点水未见，夏禾致受干旱，小麦青稞不能出穗者十有八九，秋禾无法播种……”[2] 黑河均水早在清初年羹尧任川陕总督时已成定案，但上游屡屡不遵成案，私开新渠，多占水利，以至于下游鼎新县芒种节前的分水不能得到保证，上下游用水矛盾突出。

民勤县蔡旗堡与四坝的争水发生在同一个县的不同地区。清末光绪年间，蔡旗堡民吕成德等呈控上游四坝农民白丰道强夺水利，经县

---

① 民国二十七年，旱情较重，水势微弱，湖区各乡只能浇到十分之一、二。此时正值雨季，是湖水的黄金期，流水非常宝贵。红柳墩与六坝将湖水盗放，湖区探水卒得知消息后，走报其水首，湖区各乡士庶及乡民代表、渠岔长等商讨决定，每三石粮出人夫一名，于正月十三日在三坪口齐集出发。正月十五日，湖区人夫上千余人，浩浩荡荡，到达红柳墩，并发生了打、砸事件。县府出动警力后，才将事件平息下去。参见李玉寿、常厚春编著《民勤县历史水利资料汇编》，民勤县水利志编辑室1989年，甘肃省图书馆西北文献部藏。

② 《呈为本年均水失灌夏禾受旱，恳乞转吁上峰准照鼎高两县均水成案封闭高台县属三清渠之渠口以资水利均沾而救民生事》，1946年，甘肃省档案馆，档案号：14－1－250。

府审讯，蔡旗堡民向由南沙河开沟引水，而四坝田地是引石羊河水浇灌，界限分明，两无争夺。咸丰时期，石羊河暴发洪水，崩裂河身，冲破蔡旗堡引水沟，从此两河之水合二为一，彼此分用。光绪年间，因天旱水微，正值蔡旗堡人吕成德赴河放水，被四坝户民白丰道看见，“虑及已业受损，约同户众，将其沟口堵塞”。经吕成德等控告，官府断令，“将石羊河崩裂处所，照旧修复，以后各略河之水，俾昭公允，而免争端，两造遵断，各具甘结”。并下令“（蔡旗堡户民）仍遵旧章，引用南沙河水灌溉田亩，倘镇邑四坝民人等再有堵塞该堡沟口情事，许该民等来辕禀控，以凭拿案究办，决不宽待”[①]。从蔡旗堡和四坝争水的案件可以看出，水资源短缺是双方争水的根由，特别是天旱水微时，双方都视水为命脉，而占据上游的户民随时有堵渠口的可能。为解决这个难题，地方政府只有恢复原状，各浇各水，以杜后患。

永昌县境内上游乌牛坝和下游武威县三岔坝、民勤蔡旗堡坝也是典型的上下游用水矛盾。由于乌牛坝不肯按水规规定的日期给下游放水，导致双方的用水矛盾持续明清两个朝代。据史料记载，“水利之所在，人人有必争之心，而未有若乌牛坝诸人之贪……夫以一河之水，三岔、蔡旗一年之中，仅得七日，其余则皆上坝之所源源用之不穷者，亦云足矣。乃推满河以自润，而不肯分一勺以救人？当五月用水之时，故意与之相打，故意与之告状，有事则众人为之出力，有罪则各家为之朋当，官事未休，田苗已割，今岁已断，明岁复翻，是乌牛坝之人年年享满篝满车之利，而三岔、蔡旗无及终岁坐枯鱼之肆乎”[②]。上游在占据优先用水权的条件下对下游能否及时灌溉有极大的控制权，这是上下游用水矛盾的关键所在。

---

① 《为发给执照案》，民勤县蔡旗乡蔡旗村村部存复件。

② 《乞讨碑文执照等事》，原件存民勤县蔡旗乡蔡旗村村部，复件参见李玉寿、常厚春编著《民勤县历史水利资料汇编》，民勤县水利志编辑室1989年，甘肃省图书馆西北文献部藏。

第二节　水资源供需矛盾的成因

河西走廊自然条件恶劣，降水稀少，蒸发量大。降水具有区域性、季节性的特征，且分布不均，一般夏季居多，冬季最少。河西地区气候干燥，降水无法满足灌溉需求，因此陈赓雅在考察河西永昌时就发现该地因缺乏水利灌溉，地价低廉，租地面积很少以“斗”“亩”称，而多以“几昼夜水”计。[①] 另外，河西走廊自然灾害频繁，其中以旱灾危害最大。河西走廊水源主要来自祁连山区的冰雪融水，如果水源稳定，则较少受到旱灾影响，但当祁连山区降水偏少时，旱灾必然出现。在无灌溉即无农业的河西地区，明清以来由于欠缺完善的水利灌溉设施，旱灾频发，从当时河西地区的农谚中可见一斑：“八月十五下一阵，旱到来年五月尽”；“甲子丰年丙子旱，戊子蝗虫庚子乱”；“重阳无雨望十三，十三无雨一冬干”[②]。

一　河西走廊自然环境的制约

由于自然环境恶劣，河西走廊生态环境极其脆弱，农业发展的制约性因素多，尤其伴随国家军事屯田政策的推广，生态压力逐渐增大，在生产力十分落后的条件下，人口的增加不仅不利于农业的发展，而且会加速生态的破坏。以明清时期石羊河流域的水资源承载力为例来说明这个问题。明清时期石羊河流域的自然环境特点如下。

首先是沙患、水患现象严重。康熙时期，甘肃总督佛保在《筹边疏略》中谈到民勤地方的城墙情况：“镇番沙碛卤湿，沿边墙垣随筑

① 譬如某某庄户等，约共集钱二百五十千文，即可租获一昼夜水之地。所谓一昼夜水，即等山洪暴发，在所租地范围内，庄户可在一昼夜内尽量引水灌溉，水至何处，即为该租地的四至，俗称“租一长夜水”。参见陈赓雅《西北视察记》，甘肃人民出版社 2002 年点校本，第 163 页。

② 李登瀛采集：《甘肃农谚》，载《甘肃省成立气象测候所五周年纪念册》，南京新新印书馆 1947 年版，第 88—94 页。

遂倾，难以修葺。今西北边墙半属沙淤，不能恃为险阻。惟有瞭望兵丁而已，红崖堡一带，康熙三十六年拨兵筑垒，颇似长城之制。至于东南边墙沙淤渺无形迹，其旧址犹存者止土脊耳。”[①] 军事城墙常常为风沙埋没其实是民勤地方自然环境造成的，总督佛保担心的虽然是军事防御力量的削弱，但也透露出这里风沙肆虐的恶劣自然环境。石羊河流域的水患也十分严重。史料记载：“镇邑十地九沙，水微则滞，水涨则溢。况河形东高西下，高者避之，下者就之。水之刷沙翻腾往往夺岸而直走西河者，其弊皆在于此。噫，以蕞尔一隅，沙漠丛杂，使河流顺轨，按时浇灌粪田犹不免荒芜，若屡经倒失，尚欲辟田野，广种植，沙卤之变为膏壤，讵可得耶。”[②] 明清时期，由于水利技术的落后，石羊河流域的水患往往不能得到治理，水冲农田屋舍是十分普遍的事情，水资源因此得不到很好的利用，大片土地也因此而荒芜。明清时期，石羊河流域各地上报的赋税中，每年都记载有大量的免税的水冲沙压土地。

其次是土地严重依赖灌溉。石羊河流域土地分山地和水地或曰川地，山地也即旱地，靠天吃饭，由于这里雨水极少，因而收成很低。水地虽然占多数，但必须依靠灌溉，并因灌溉条件将土地分为上、中、下三等。随着人口的增长，土地的不断扩大，水资源自明以来就严重不足。乾隆《永昌县志》载：“永邑沙碛硗薄，山高风猛。七月陨霜，清明前后种麦豆，五月种谷，岁不两收，家无积蓄。”[③] 武威县的情况也相似，“边壤沙碛过半，土脉肤浅，往往间年轮种且赋重，更名常亩且有水冲沙压者”[④]。由于风沙严重，不仅灌溉渠道淤塞严重，而且经常会埋没田地，严重影响了农业生产。

---

① 道光《镇番县志》卷1《地里考》，成文出版社有限公司1970年版，第54页。

② 光绪《镇番县志采访稿》卷5《水利考》，甘肃省图书馆西北文献部藏。

③ 乾隆《永昌县志·风俗志》，《五凉考治六德集全志圣集》，成文出版社有限公司1976年版，第389页。

④ 乾隆《武威县志·地里志》，《五凉考治六德集全志智集》，成文出版社有限公司1976年版，第32页。

二　灌溉水源不足

随着人口的增长，土地垦殖区域不断加大，水资源必然不敷使用。乾隆《古浪县志》记载这里的水资源十分有限，“古邑山田间岁而耕……川田专望引灌，惟二煖泉坝，泉水浇注，最称沃壤。若三、四等坝，河流最远，稍旱即涸。”[①] 乾隆《永昌县志》载，石羊河流域的永昌县水资源主要有泉水和河水，河水主要发源于两处，一处是邑东之转涧口，另一处是邑西之大河口，农业全资灌溉，但是水资源并不充足，“倘冬雪不盛，夏水不潮，常苦涸竭。泉虽长流，而按牌分沟，一牌之水不能尽灌一牌之地，炎夏非时雨补救，未见沾足也。且山水之流，裕于林木，蕴于水雪，林木疏则雪不凝，而山水不济矣”[②]。说明这里水资源受雨水、森林、人为等因素的影响，时常不足。由于人口的增加，这里的林木遭到破坏，湖区也常常被开垦，导致泉水变少和土地盐碱化，“泉水出湖波，湖波带潮，色似斥卤而常白，土人开种，泉源有淤。惟赖留心民瘼者，严法令以保南山之林木，使荫藏深厚，盛夏犹能积雪，则山水盈留。近泉之湖波，奸民不得开种，则泉流通矣”[③]。从这段文字可以看出，早在明清时期，当地人们就已经有很强的生态保护意识，但是人口的增加对环境的破坏往往不以人的意志为转移。嘉庆《永昌县志》载，“永尽水耕，非溉不殖而蕲于水，故田多芜。……永之田易频水，故愈患不足，不足则常，不均势固然也”[④]。这是说灌溉用水对永昌农业生产来说非常重要但十分稀缺。再看镇番，地临沙漠，农业生产全资水利，这里播种之多寡不在于是否有土地，而在于是否能得到灌溉，因此水在河西是

---

① 乾隆《古浪县志·古浪县疆域图说》，《五凉考治六德集全志义集》，成文出版社有限公司1976年版，第463页。

② 乾隆《永昌县志·水利图说》，《五凉考治六德集全志圣集》，成文出版社有限公司1977年版，第374页。

③ 乾隆《永昌县志·水利图说》，《五凉考治六德集全志圣集》，成文出版社有限公司1977年版，第508页。

④ 嘉庆《永昌县志·水利志》卷3，甘肃省图书馆西北文献部藏。

最稀缺的资源，正如史载，“灌溉之广狭，必按粮数之轻重以分水，此吾邑所以论水不论地也”[①]。镇番水资源紧缺我们还可从下面两处引文中得到证明。

> 有为调剂之说者，谓今古时会不同，地势亦异，昔之同坝行水者，今且分时短行矣。合未见有余分，即形不足，其说诚似也。[②]

这里是说，随着时间的推移以及人口或生态环境的改变，耕种的土地也发生了改变，曾经在同一坝内浇灌的土地，不得另立坝口分时行水，还未分水即显示出水资源不足。另一段引文如下：

> 固河渠水利不敢妄议纷更，尤不可拘泥成见，要惟于率由旧章之中，寓临时匀挪之法，或禀请至官当机立决，或先差均水以息争端，毋失时毋偏枯。[③]

上文指出，“率由旧章”这种做法在生态环境改变的情况下已无法发挥当时的协调作用，必须因时制宜以均衡水利。这段引文也告诉我们人口和土地对水资源形成的压力。

由于水资源短缺，河西各地一般都对分水时刻和渠口的宽窄有严格规定。比如古浪县古浪渠的煖泉坝，其下有煖泉和板槽二沟，根据古浪《渠坝水利碑文》规定，板槽沟“额粮二百三十五石零，煖泉坝额粮二百六十三石零，草遂粮数”；“板槽沟额水三百二十六个时，煖泉沟额水四百零九个时”；“板槽沟渠水自县城西南灌田起至八里营止，长十里阔五里。煖泉坝渠水自县城东南灌田起至颜家

① 道光《镇番县志》卷4《水利图考》，成文出版社有限公司1970年版，第237页。
② 道光《镇番县志》卷4《水利图考》，成文出版社有限公司1970年版，第237页。
③ 道光《镇番县志》卷4《水利图考》，成文出版社有限公司1970年版，第238页。

湾止，长十八里阔七里”①。再如古浪渠的长流坝是个比较特殊的坝渠，其他坝一般在平坦处分水，而长流坝位于山腰处，山上沙土下滑，不架木槽则无法行水，按旧例木槽“帮高一尺，底宽三尺七寸”，后因水资源紧张“屡被各坝告减”，争水纠纷频发。乾隆初年，地方政府最终以历来水利碑刻为凭，规定“木槽依照官尺除底帮高四寸，除帮底宽二尺八寸。额水粮二百九十石，草遂粮数，额正润水三百五十五个时。分水口自古浪峡起至土头坝河沿止共长三十里”②。这次规定的尺寸较之前的尺寸有所减少，与之相应的长流坝的引水量也有一定的减少，但仅仅是微调而已，加之当时人水关系还不太紧张，各坝相安无事达七十多年。后来随着人口的增加，生态的改变，这种相安无事的局面被打破，争水冲突逐渐激烈起来，据《长流川六坝水利碑记》载：

> 长流承粮二百九十余石，川六坝承粮三千七百余石。同一总河分水，因长流坝缠山仰沟……于断崖处设木槽一通……迄今七十余载相安无事。无如近年以来，林木渐败，河水微细，灌溉俱艰。③

上文指出，河水变得微细是因为林木渐败，显示出生态遭到严重的破坏，以至于水资源量变少。这种情况在武威县也十分突出，乾隆《武威县志》载，武威县“其浇灌有山水、有泉水，山水浇者十之七八者，林木茂密，厚藏冬雪滋山泉，故常逢夏水盛行。今则林损雪微，泉减水弱，而浇灌渐难”④。嘉庆二十二年（1817），古浪长流坝和川六诸坝争水冲突激化，上流长流坝士民将川坝河口填塞，并将木

---

① 民国《重修古浪县志》卷2《水利》，甘肃省图书馆西北文献部藏。

② 民国《重修古浪县志》卷2《水利》，甘肃省图书馆西北文献部藏。

③ 民国《重修古浪县志》卷2《水利》，甘肃省图书馆西北文献部藏。

④ 乾隆《武威县志·风俗志》，《五凉考治六德集全志智集》，成文出版社有限公司1976年版，第63页。

槽倾斜，川六各坝水量顿减，地方政府最终以乾隆八年所定木槽尺寸平息了争端。长流坝与川六各坝的争水冲突从乾隆年间一直持续到嘉庆时期，反映了水资源匮乏的加剧，其原因除上述林木砍伐导致水源变少外，还有一点值得注意，即这里干旱少雨，农业生产不得不依靠有限的水源灌溉，如史载：

> 川坝之水各坝分散，更兼润下窎远，若无阴雨，其涸立待。考县府档案，川六坝与长流坝人民争水之控案，自昔已然。近年以来天多苦旱，争端因之愈甚。①

武威县的情况也是如此：

> 武邑六渠……渠口有丈尺，闸压有分寸，轮浇有次第，期限有时刻，总以旧案为断。间逢木饥火旱，山雪既微，川源复弱，不无奸民截浇者，维时家稿望救，水贵胜金，更正为急刻不容缓者也。②

我们还可从一个典型的事例中看出石羊河流域水资源的紧张。石羊河发源武威，白塔河属上流支流，民勤在下游，清末发生的白塔河、石羊河水案能够反映出这里人水关系紧张的局面。光绪六年（1880），武威县属之九墩沟人民侵占白塔河水利，筑堵草坝，伸入河身，使下流河水变少，镇番数千人起诉至凉州府，地方政府断令九墩沟人民将所筑草坝拆毁，其“沟口只准一丈五尺，如遇天旱水微，只准在本沟挑深，不得在大河盘沙堵水”③。这次地方政府的断令并没有持续多久，之后九墩人民屡次上诉。就史料记载统计，光

① 民国《重修古浪县志》卷2《水利》，甘肃省图书馆西北文献部藏。

② 乾隆《武威县志·水利图说》，《五凉考治六德集全志智集》，成文出版社有限公司1976年版，第45页。

③ 光绪《镇番县志采访稿》卷5《水利考》，甘肃省图书馆西北文献部藏。

绪六年地方政府断案两次，以后光绪七年、八年、九年、十年每年断案一次，可见石羊河上下游人民争水的激烈。究其原因还在于人口的增长，正如史料记载："九墩沟水源向由熊爪湖开浚浇灌，不惟于石羊河毫无干涉，即白塔河亦非其所。该处所垦田亩，本道例应详请都宪咨部豁免钱粮作为官荒，姑念该处垦地已久，生齿日繁，不忍遽行驱逐。"①

由此说明，武威九墩沟地方由于人口的增加，不得不开垦本来原为官荒的土地，而以前开浚熊爪湖水根本不敷使用，只得引灌白塔河，甚至石羊河水。这个事例比较典型地说明了清末石羊河流域水资源已十分紧张。

河西地区气候干旱，沙患严重，水资源又十分短缺，加之传统社会中落后的生产方式，人口的增长以及土地的拓殖必然和生态环境形成尖锐的矛盾，并加速了生态环境的衰变。

三　辟地屯田加重用水紧张

明洪武初年，朱元璋下令各地实行军事屯田，"诏陕西诸卫军士留三分之一守御城池，余皆屯田给食以省转输"②。洪武十年（1377），陕西都指挥使司"言庄浪卫旧军四千，后卫增新军四千，地狭人众，难以屯驻，乞将新军一千人往碾伯守御，一千人于西宁修城，暇则俱令屯种，止以旧军守御庄浪"③。可以看出，明初实行屯田主要是为了解决军粮问题，而河西已经显示出"地狭人众"的局面。

明朝初年于河西实行的屯田持续到明中期废弛，"种未入土，名以入册，或人已在逃粮犹如故"的现象普遍存在，本来抛荒之地不用起科，但"官司一概追征"。嘉靖时期，政府为了恢复屯田，首先实行鼓励百姓屯田的政策，"有父子兄弟相率力田者，即以姓

① 光绪《镇番县志采访稿》卷5《水利考》，甘肃省图书馆西北文献部藏。

② 《明实录》卷115，洪武十年九月丙子朔，上海书店出版社1982年版。

③ 《明实录》卷115，洪武十年九月丙子朔，上海书店出版社1982年版。

名开呈，动支官钱买办羊酒、花红犒赏；惰农自安者各举数人，量加惩治，以警其余”[①]。其次是厉行开荒，“将原奉各边抛荒地土，听其尽力开垦，永不起科，其旧曾起科荒芜年久，仍要用力开耕，应纳籽粒一体蠲免”[②]。但是这次整治收效并不大。隆庆末年，吏科都给事中雒遵在《请垦屯田疏》中讲到，明代立国之初，西起敦煌东到辽海边陲地带广立军事卫所，并实行军屯，军粮不缺，军员不缺。但是时至隆庆时期，屯田废弛，弊端百出，如“边军多缺伍而田以屯征课者，每每告匮不能饷，什之二三。夫度田非益寡，而计兵未加益，以口量地，视昔犹有余，而食之甚不足者，无乃屯田之失其初也”[③]。讲到屯田废弛的原因，雒遵认为不出两点，一是“戎马之出入无常，边人畏而不敢耕”；二是“佃屯之顶补多差，边人苦而不肯耕”[④]。隆庆时期，边人“未食新田之粟而有顶军之苦”，土地因此而荒的极多。雒遵的建议是“不论官军、土著、流民各色人等，愿佃者许其开垦，即以所垦田为永业，不起科，复其他徭，量给租种，或相险恶以结团堡，或挑沟畛以遏冲突……不数年间，边食既丰，兵丁亦足”[⑤]。

为了避免军官隐瞒屯地，假作抛荒，影响国家税收，雒遵还建议州县官吏亲自踏勘清丈，并作为年终考核标准。经过明朝中期的历次整顿，屯田在一定程度得以恢复，并收到了实效，大量荒芜土地得以开垦，佃屯户又回归土地。

石羊河流域的古浪县，明洪武初年由宋国公冯胜领军平定，“复

---

① 《甘肃通志》卷45《艺文》，乾隆《钦定四库全书·史部》，甘肃省图书馆西北文献部藏复本。

② 《甘肃通志》卷45《艺文》，乾隆《钦定四库全书·史部》，甘肃省图书馆西北文献部藏复本。

③ 《甘肃通志》卷45《艺文》，乾隆《钦定四库全书·史部》，甘肃省图书馆西北文献部藏复本。

④ 《甘肃通志》卷45《艺文》，乾隆《钦定四库全书·史部》，甘肃省图书馆西北文献部藏复本。

⑤ 《甘肃通志》卷45《艺文》，乾隆《钦定四库全书·史部》，甘肃省图书馆西北文献部藏复本。

设凉州，套鲁闻风远循。仿充国遗策于扒里扒沙、煖泉、哨马营等处且屯且耕，以拓土地”①。唐代时，凉州都督郭元振就曾于武威东南筑和戎城（今属古浪），并与少数民族定边界，设烽堠。当时扒沙之地“犹为夷壤，未入版图，五代相沿”②。到了明初，这里已经成为实行军屯的边防哨所，说明明代疆界的开拓。洪武九年（1376），以兰州等卫官军守御凉州，下设五所，撤掉了元代在古浪设立的和戎巡检司，洪武十年和戎改为古浪，后改隶庄浪卫为屯守之所。正统三年（1438），巡抚都御使罗亨信奏设古浪守御千户所。万历年间，巡抚甘肃田乐、总兵达云等率军扫除了窃据于古浪扒沙一带的残元势力，恢复其地建制，并改扒沙为大靖，建城修郭。为了防御边境残元势力，明代政府于河西沿边一带大力修筑堡寨，充实人口。嘉靖四十五年（1566），巡抚都御使石茂华上疏建议于古浪一带增筑堡寨，为解决军粮问题，政府实行就地军屯政策，“本镇地方孤悬河外，道路险远，本色粮草难仰给于内地，而田地本狭，出产有限，开垦荒田，修举屯政，乃经理之所宜先者”③。为了招徕居民耕种，政府还实行优惠政策，“其荒芜田地，尽令居民垦种，若原系起科者，候三年成熟，计亩征税；原系抛荒者，照例永不起科”④。开荒屯田实际上是明政府实行的军事防御政策，从短期看，这虽然于边境防御、军粮解决起到了积极的作用，但却加剧了生态压力。清雍正时期，古浪由所升为县，由于战争减少，古浪土地因此不断得以拓殖。正如乾隆《古浪县志》载，“古邑三面皆山，独东北一隅，地多平衍，川则营堡村寨，遥相错落；山则湾岭沟洼，多有居民。盖承平以来，烟火倍稠，鸡犬

① 乾隆《古浪县志·地里志》，《五凉考治六德集全志义集》，成文出版社有限公司1976年版，第452页。

② 乾隆《古浪县志·地里志》，《五凉考治六德集全志义集》，成文出版社有限公司1976年版，第451页。

③ 乾隆《古浪县志·文艺志》，《五凉考治六德集全志义集》，成文出版社有限公司1976年版，第521页。

④ 乾隆《古浪县志·文艺志》，《五凉考治六德集全志义集》，成文出版社有限公司1976年版，第522页。

之声相闻焉”①。

这种土地的拓殖必然带来人口的激增，古浪县“正统中，户一千二百二十，口三千三十有六。嘉靖中三百一十，口六百七十有一。今盛世滋生，人丁三千八百六十有三，口四万四百三十有六。乾隆十三年户六千三百九十有三，口六万五千五百一十”②。从上述数字可以看出，正统到嘉靖年间，人口有所下降，笔者以为主要和战争有关。据史载，“嘉靖时，套虏阿赤兔等假款为名，驻牧扒沙，劫掠窃据，肆蛰不已”，这种局面事实上一直持续到万历时期。到了清初，由于休养生息，人口大幅度增加，从上述数字可以看出相比正统时期的人口，到乾隆十三年古浪人口可谓增加了近21倍。上文述及古浪水资源十分有限，而土地的开拓和人口的增加必然造成其与有限的水资源之间的极大的矛盾。

四 人口增加对水资源的压力

明代以来，河西人口在国家政策的推动下呈迅速增长态势，而土地也随之广为开辟。从来源看，新增人口大多是移民。比如永昌县，“邑旧为军籍，元季明初，几尽于兵革，所称土著十余族而已。正统间，檄招远氓，各省多携眷来者。他若贾客屯丁及世袭指挥等官率隶焉。然其寥落可想见也。逮国朝休养生息于今为盛”③。乾隆《古浪县志》也记载，“商贾乃多陕晋人”。乾隆《武威县志》载，“武威左番右彝，前代寇掠频仍，屡为凋蔽，尝徙他处户口以实之。山陕客此者恒家焉。今生齿日繁，然地燥风寒，无业者众”④。明代政府实行开中法，鼓励商人携带资产招募人民在河西屯种，上缴粮食后换取盐

① 乾隆《古浪县志·地里志》，《五凉考治六德集全志义集》，成文出版社有限公司1976年版，第460页。

② 乾隆《古浪县志·古浪疆域图说》，《五凉考治六德集全志义集》，成文出版社有限公司1976年版，第463页。

③ 嘉庆《永昌县志》卷1《地里志》，甘肃省图书馆西北文献部藏。

④ 乾隆《武威县志·地里志》，《五凉考治六德集全志智集》，成文出版社有限公司1976年版，31页。

引，这种方式使得许多商人及其所招募的人民留在了河西。从上可以看出移民大致有三类：一是各省普通农民；二是商贾屯丁；三是军籍人丁。除了这三种外，还有一些曾被残元势力掳掠去的人口。正德年间，兵部尚书刘天和在《陈边计疏》中写道："访得汉人历年被驱掠在敌中者常数万人，每敌骑南牧近边，则脱身而归。然以守墩官军残忍贪功，遇有到边则伪举火炮杀取首级，冒报功次。"[①] 为了改变这种局面，政府规定"但又敌中走回人口随即收送镇巡官，时刻不许迟留。除老弱妇女照旧伴送宁家，其精装男子及十四五岁幼童，若系本镇附近居民俱倍加抚恤，编入卫所，与正军一体食粮，无妻者官为娶妻，无屋者官为买屋，发游兵部下名为先锋军"[②]。明政府通过这种方式，一方面充实了军队人员，增强了军队作战力；另一方面也增加了边防人口。

明洪武中，武威县"户五千四百八十，口三万九千八百一十五"，乾隆时"在城居民户一万一千六百二十七，口二万七千五百三十七。在野居民户三万八千二百三十八，口二十三万五千八百二十三"[③]。人口增长大约有七倍之多。

康熙六十年（1721），永昌"户三千三百七十六，口二万五千八百三十七"，到嘉庆十九年，"户三万三千五百六十三，口男女大小共二十五万九百三十八"[④]，人口增长大约十倍。再以镇番县为例："明永乐中户二千四百一十三，口六千五百一十七"，"乾隆三十年户五千六百九十三，柳林湖屯田户二千四百九十八。道光五年，户一万六千七百五十六，口十八万四千五百四十二"[⑤]。可见，从明永乐朝

① （清）许容等监修：《甘肃通志》卷45《艺文》，乾隆《钦定四库全书·史部》，甘肃省图书馆西北文献部藏复本。

② （清）许容等监修：《甘肃通志》卷45《艺文》，乾隆《钦定四库全书·史部》，甘肃省图书馆西北文献部藏复本。

③ 乾隆《武威县志·地里志》，《五凉考治六德集全志智集》，成文出版社有限公司1976年版，第32页。

④ 嘉庆《永昌县志》卷1《地里志》，甘肃省图书馆西北文献部藏。

⑤ 道光《镇番县志》卷3《田赋考》，成文出版社有限公司1970年版，第179页。

起到道光年间，仅镇番人口就增加了大约28倍。

以上说明明代以来，随着国家军事屯田政策的实施，移民不断增加，加之清代休养生息政策的推动，石羊河流域人口出现了大幅度的增长。关于人口增长与土地之间的关系，道光《镇番县志》载：

> 镇邑在前明时户口凋零，土田旷废，良缘番夷不时侵略，加之赋役繁兴，遂致民不聊生，流离失所。我朝轻徭薄赋，休养生息一百八十余年之久，户口较昔已增十倍，土田仅增两倍耳。以二倍之田养十倍之民，而穷檐输将踊跃毋事追呼，公家仓廪充盈，足备灾祲。①

根据前述户口数字，户口较昔增长了十倍，说明人口增长与土地增长的不对等。清政府的轻徭薄赋使有限的土地养活了十倍于往昔的人口，但人口增长依然带来了巨大的生态压力。总督佛保在谈及这个问题时这样写道："且红崖堡东边外如乱沙窝、苦豆墩，昔属域外，今大半开垦，居民稠密不减内地，沿东而下移丘换段，迤逦直达柳林湖，耕凿率以为常，至于角禽逐兽，采沙米、桦豆等物，尚有至二、三百里外者。"② 因为人口稠密，不得不向城外拓展，而风沙肆虐，埋压土地，又使人们不得不经常性地"移丘换段"，沙生植物如沙米、桦豆等本来可以起到一定的防风固沙作用，但在民勤，这些植物却自古被用来食用，史载："沙米虽野产，储以为粮，可省菽粟之半。"③ 古浪县的情况也类似，乾隆《古浪县志》载："沙米业生沙漠中，似蓬色，白叶，尖又茨米藏谷中，雨涝始生。刺蓬，蓬类，色微红，生茨有子，味苦辛。绵蓬，似茨，蓬无茨有子，味辛苦。以上三种皆草子，年饥则觅以充腹，但味涩

① 道光《镇番县志》卷3《田赋考》，成文出版社有限公司1970年版，第195页。
② 道光《镇番县志》卷1《地里考》，成文出版社有限公司1970年版，第54页。
③ 道光《镇番县志》卷3《田赋考》，成文出版社有限公司1970年版，第191页。

性燥，多食致病，兼以有无不常，孰谓其可备荒哉。”[①] 这些沙生草子原是固沙植物，本身数量就不多，但却被用来备荒。人口的增加，沙生植物带的破坏，使得沙漠化区域不断扩大，逼迫人们再寻找新的可供利用的土地，这其实是一个生态环境恶性循环的过程。

五　水资源利用率低，水利设施落后

由于自然、水利技术等多种原因，明清以来，河西走廊的水资源利用率很低，水资源浪费颇大，从而对水资源供需平衡造成了不利的影响，主要表现为以下几个方面。

第一，渠水利用率低。祁连山北之河西走廊，有一共同地势，即南高北低，水源高而地低，故在各河出山之处，开凿渠道，引入支渠（坝）进行灌溉颇为便利。然而“其渠道工程之大者如洪水河及黑河上游，往往在山中地下穿凿十余里乃至于二十余里，号称暗渠，水流其中，携带泥沙乱石，沉淀后即可淤塞，故须年年清理，费工费时费料，人民负担无形大增。支渠工程较小，但淤塞修理亦同”[②]。

第二，河西走廊多风沙，渠沟经常被风沙淤塞以至于水流不畅或断流，影响灌区人民的生计。在临泽县，引黑河河流的昔喇板桥、八坝、九坝等渠是遭受沙尘危害十分严重的渠道。民国十八年（1929），临泽建设局局长亲赴八坝、九两坝指导督办水利，并指出困难所在，“该两渠渠身北靠沙漠，南近河岸，每逢风吹，即致被沙，沙起最易淹蔽渠身，渠身一经沙填，水即不流”[③]。昔喇板桥渠与平彝、明沙二堡共用一渠，板桥在平、明二渠的西稍，有水时先灌平、明二堡田地，俟二堡浇毕以后，始能灌及板桥渠田地。因水少地多，板桥渠田地屡屡受旱。民国十一年（1922），板桥民众合议谋开新渠，以兴水利，“但

---

① 乾隆《古浪县志·古浪疆域图说》，《五凉考治六德集全志义集》，成文出版社有限公司1976年版，第468页。

② 张丕介等编：《甘肃河西荒地区域调查报告》，农林部垦务总局1942年编印，甘肃省图书馆西北文献部藏，第34页。

③ 《民国十八年倡办水利程度报告书》，1930年，甘肃省档案馆，档案号：38－1－124。

所开之新渠多沙质，随挑随坠。又河低地高，水难上就，是以迄今七八年间，终未成功”①。可见，风沙淤塞、水利防治技术难度大是水资源难以有效利用的主要因素。在自然灾害中，山水暴涨冲毁渠道的现象在河西走廊也十分普遍。上述昔喇板桥渠新开渠道的计划因工程浩大而罢议，不得不沿用旧渠。民国十七年（1928），旧渠“因大雨以后，突被滚坡山水冲断”，以至于“失灌水之期……板桥渠本年大失秋收之望”②。在河西走廊，渠水渗漏的情况也十分普遍，致使一部分灌溉水资源被浪费。金塔县历来长期缺水，并和上游酒泉县因争水而积怨颇深，在民国二十七年的解决方案中，酒泉县指出金塔各坝漏水情况较为突出，并建议金塔县“于每年农隙之时，估工分段浚深渠底，铺以草麻、红柳，盖土用泥水澄于一、两次，自不至于渗漏”③。这说明渠水渗漏也严重影响水资源的有效利用。

第三，除了风沙、山洪，祁连山冰雪融水的盈缩也直接影响着各大河渠的水源供给。如临泽县属南五渠系引用响山河河流之水灌田，此河之源在南山（祁连山）梨园口迤南，该河之水全赖冰雪融化。民国年间，临泽建设局局长在考察祁连山融雪时指出，“近数年来，冬雪稀少以故河流浅涸，因之该五渠连旱数年，民不聊生，所以十七年夏田尽行枯槁”④。祁连山雪线上升在马步芳统治时期较为明显，“马匪统治河西时，大量砍伐祁连山的森林，以至雪线上升，降水量日渐减少。据记载每年最低时为一月及十二月，最高时为七月及八月。其年总计：1935 年为 47.4 公里；1936 年为 31.1 公里；1937 年为45.1 公里；1938 年为54.3 公里。雪线每年日渐升高，换言之即山上积雪日渐减少，盛暑时因森林太少，温度太高，雪水冰块一倾而下，水渠不足以盛纳，加之渠沿遭到很大的破坏，致使渠岸不固，造成决口倒水的事故不断发生，而流为无用，待以后需水时，则水流又

---

① 《民国十八年倡办水利程度报告书》，1930 年，甘肃省档案馆，档案号：38－1－124。
② 《民国十八年倡办水利程度报告书》，1930 年，甘肃省档案馆，档案号：38－1－124。
③ 《酒金水利案钞》，民国二十七年（1938），甘肃省图书馆西北文献部藏复本。
④ 《民国十八年倡办水利程度报告书》，1930 年，甘肃省档案馆，档案号：38－1－124。

感不足，上下游之间的用水矛盾日渐加剧，打架斗殴的情况亦见频繁”[①]。甘州（张掖）的阳化渠、宣政渠、安民渠等渠道由大牙口、酥油口分水，民国年间水量因旱灾和祁连山冰雪融水的减少而大幅减少，《甘州水利溯源》载：“近年来，亢旱不雨，祁连山积雪不多，二口之水微细，不惟该渠菽麦五谷受旱，即各寨壬畜所蓄之涝池亦无水可放，荒芜满目，民不聊生。”[②] 祁连山冬雪稀少意味着山区生态环境的恶化，这对整个河西走廊水资源供给产生了十分不利的影响。

第四，泉水等其他水源的利用率低也影响着河西走廊水资源的供给。泉水供给量大小受诸多因素的影响，如自然、水利开发技术等。临泽县五眼泉渠系引用五眼泉之水灌田。由于泉小流细，水低地高，其低地灌溉可勉强供给，高地则束手无策。民国十八年（1929），临泽县政府前往该渠视察，通过对村民的访谈得知：“当昔泉水甚旺，渐至近年泉浅流微，以故干旱多年。”泉水渐少的主要原因是缺乏防治措施，以至于淤泥沙石多年沉积。

第五，经济贫弱而导致水利开发滞后也限制了可灌田地的面积。如五眼渠所浇灌的高旷之地则因没有水源而致使土地落荒，“该渠地势高原，闲旷居多，应如何设法兴水利以尽地力之处尚待计量”[③]。如何解决这个问题，县政府给出的办法是建造水车，但对于五眼渠这样贫弱的地方，[④] 建造水车的难度可以想见，正如时人恳请“实在贫无立锥多少不能出资制造水车者，请由县政府设法筹出工赈款项借以补助”。可见在五眼渠这样的地方，建造水车用以扩大耕地面积难度颇大。酒泉、金塔两地长期争水，由于灌溉水源短缺，一直未能找到有效的解决办法。直到民国时期，酒泉人民才建议开采当地黄泥铺地

① 《河西志》（上编），中共张掖地委秘书处 1958 年编印，甘肃省图书馆西北文献部藏。

② 《甘州水利溯源》，甘肃省图书馆西北文献部藏写本。

③ 《民国十八年倡办水利程度报告书》，1930 年，甘肃省档案馆，档案号：38－1－124。

④ “该渠近数年来，频遭荒旱，老弱转于沟壑，壮者散而致四方者不知凡几……该渠民众生计深恐愈演愈贫，无进步之生机，多退化之劣果。”参见《民国十八年倡办水利程度报告书》，1930 年，甘肃省档案馆，档案号：38－1－124。

下泉水以补水源不足，[①] 这说明直到民国时期这一带对泉水的利用还很低。另外，泉水蓄水池的缺乏也导致泉水资源不能有效利用。如在张掖，民国年间相关人士建议："张掖农田用水一部分仰给于泉水，惟泉水多涓涓细流，水量供给有限，亟应注意蓄水方法以补救之，在泉源相当地点修筑蓄水池（池之容积尽量求大），水出泉汇潴池中，池壁建庳门，可随意启闭，秋冬蓄水以供春夏之用。"[②] 可见，泉水水利工程的落后限制了对其的开发利用。

第六，水利开发技术落后严重影响水资源的利用率。河西走廊大部分荒地都是因为缺水而造成，而缺水在很大程度上也和水利开发技术落后有关，这个问题一直不能彻底得以解决。民勤县的扎子沟荒区，面积 85810 亩，土壤为疏松性盐土、沼泽化盐渍土以及盐渍化荒漠土，此一荒区如果要进行土地利用，则必须进行土壤改良，并修建水库，才可开发，但这个方案直到 1955 年还未实施完成。河西走廊的地下水较为丰富，但民国以前打井灌溉并不普遍，影响了地下水的开采利用。民勤县的大坝滩荒地，面积 3216 亩，为严重的侵蚀区，但地下水层却为 150—200 厘米，由于没有井灌设施，加之缺乏渠水引灌，致使土地撂荒多年不能利用。永昌县金川河的河水，仅在春季可以流入荒区供昌宁堡耕地灌溉，夏季则完全干涸，仅靠昌宁堡南数条沙沟中所出泉水进行灌溉。但区内地下水则潜力甚大，"马莲泉一带地下水 1—2 公尺，其它均为 2 公尺之下，打井灌溉有很大可能，但是以井水洗盐，成效如何不能确定，因之该区必须进一步研究金川河的水量问题、打井灌溉和洗盐问题，当水源问题解决后，这里宜建大规模的机耕农场"[③]。

第七，落后水利设施也影响了水资源的有效供给。河西走廊各旧

---

① "据酒泉绅士迭称，该县距临水镇东二十里黄泥铺地方潮湿，似有泉水，应请令行金塔县长查明测量，如果有水即督该县人民挖掘开渠引灌，此补救者一。"参见《酒金水利案钞》，民国二十七年（1938），甘肃省图书馆西北文献部藏复本。

② 《甘州水利溯源》，甘肃省图书馆西北文献部藏。

③ 《甘肃省河西地区荒地资料汇编》，张掖专员公署农垦局 1958 年翻印，甘肃省图书馆西北文献部藏，第 30 页。

渠，工程简陋，缺点很多，渠道的效能不能得以有效发挥，从而降低了水资源的利用率。例如一般引水情形，都是在河中垒石为堰，将水位抬高，引水入渠，“因为没有节制设备，进水流量常常不能一定，水大则冲毁渠口堰身，水小则不敷灌溉。更有挟沙停积，将渠道全部淤塞。至于渠道的布置，更是散漫，毫无系统。在同一灌溉地区，开几条渠道，纵横交错，深浅广狭，完全没有一定的标准，非但水在上蒸下漏的情况下容易枯耗，且时时引起纠纷，毁渠的争端不一而足”①。例如在酒泉，“各坝往往以道路作渠底，非特尽横流殊多浪费，抑且交通有碍，不便行旅”。“红水河之河渠十余里无度无归，决诸东方，东方沿岸之地冲损，决诸西方，西方沿岸之地冲断。”②这是渠道散乱无章的突出表现。如果在河坝两边及中间开大沟渠两三道，两边则能防止其损地，中间则俾其长流，水因此而流归正道，这样就能避免不必要的浪费。可惜直到民国时期，渠道散乱无章的现象在河西走廊还十分普遍。另外，河西各地的渠道或较田地低陷，灌溉不便，常以木槽等引水；或渠道过浅，一遇水流，即漫溢遍地，如黑河流经张掖城西时，“河道之宽竟逾一二十里，皆卵石累累，如此可作膏腴之区，竟因水流不定而为弃壤，宁不可惜”③。因为渠道开凿没有章法，导致水资源浪费颇大。“有时沿山高凿，盘旋而下，其比降都在百分之一以上，以致水流湍急，奔腾而下，俨然是一条失治的河道，将大量表土挟走，渠工亦因此而被破坏”④。这种不合理的渠道工程还导致沙漠化的进一步扩大，一旦发生地震、山崩、地裂等自然灾害，“渠水因此被崩塌的泥土之累阻塞，或从裂缝内走漏，或因流沙内侵，以致将良田变成沙碛之地，此种情形以接近沙漠地带最为严重”⑤。蓄水池对于调节水资源供需平衡有着十分重要的作用，直

① 行政院新闻局编：《河西水利》，1947年，甘肃省图书馆西北文献部藏。

② 《酒金水利案钞》，1939年，甘肃省图书馆西北文献部藏复本。

③ （民国）江戎疆：《河西水系与水利建设》，《力行月刊》1943年第1期第8卷，甘肃省图书馆西北文献部藏。

④ 行政院新闻局编：《河西水利》，1947年，甘肃省图书馆西北文献部藏。

⑤ 行政院新闻局编：《河西水利》，1947年，甘肃省图书馆西北文献部藏。

到民国时期，河西走廊还没有正规人工蓄水池。民国二十七年（1938），在酒泉、金塔水利纠纷的解决方案中，兴建蓄水池被作为改善水资源供需平衡的举措之一，“（酒泉）青山寺……之处天然蓄水池地点应创造大池，每年当夏秋山洪暴发之际，将倒洪水及冬季余水引入池中储存，至需水时开放以救其不足”①。这说明水利设施落后对水资源供需矛盾产生了不容忽视的影响。

第八，在河西走廊，落后的生产方式是一个不容忽视的因素。河西人民“只知灌溉，不知排水”，这不仅对水资源造成极大浪费，而且造成了土地盐碱化的加重和可耕地的减少。据史载：“清雍正年间河西耕地是553.32万亩，至民国三十三年（1944），据甘肃水利林牧公司河西各站调查，只剩下534.61万亩，共减少耕地18.71万亩。”② 生产方式落后还表现在灌溉方式上，如酒泉人民“灌水必使水量淹过田禾，如灌稻田余水四溢，毫不撙节，且多有昼灌夜退情事”③，这种大水漫灌的灌溉方法必然造成水资源的极大浪费。

六 水利管理不合理引发各方的用水矛盾

一是分水办法不能兼顾各方的利益。酒泉和金塔两县水利纠纷持续时间长，除了人口的增加，耕地的扩大等因素外，落后、不合理的水利管理制度也是两地水资源供需矛盾产生的主要因素。两县水流以讨来、红水两河为区，酒泉据上游，每年自立夏开水之日起，至立冬退水之日止，轮流灌溉，独享水利。金塔居于下游，除上游无用退水、结冰水以及茹公渠水外，至夏秋需水之时，无水可灌。后经地方政府强制定立分水办法，④ 为公允起见，将明清以来的按粮分水改为

---

① 《酒金水利案钞》，1939年，甘肃省图书馆西北文献部藏复本。

② 行政院新闻局编：《河西水利》，1947年，甘肃省图书馆西北文献部藏。

③ 《酒金水利案钞》，1939年，甘肃省图书馆西北文献部藏复本。

④ “将酒泉立夏放水之期提前十日，先由讨来河坝人民浇灌至芒种第一日起，令酒金两县长带警监督封闭讨来河各坝口，将水由河道开放而下，俾金塔人民按粮分配浇灌十日救济夏禾。至大暑前五日起如前法将洪水河开放五日，藉润秋禾。”参见《酒金水利案钞》，1939年，甘肃省图书馆西北文献部藏复本。

计日分水，但问题依然无法解决，“酒民仍堵河口，未肯分水”。经调查，上游酒泉不给分水是因为“该两河经迭此地震后，水量减少，两县生齿日繁，加以民十八、十九、二十等年两地旱灾过重，各处灾民逊肃州者为数不少，人数骤增，荒地日开，水不敷用”①。在此种情况下，酒、金两地都是水不敷用，特别是金塔王子庄地“较任何地段为最偏苦，其土地肥沃为任何地段而不及”，王子庄的情况反映了金塔县有地无水的苦旱情形。由于上游酒泉坚不放水，地方政府要求重新清查酒泉耕地人口以计算讨来、洪水两河酒泉灌区的灌溉日数，这种办法实际上还是之前分水办法的延续，“换汤不换药”，既不公平也不合理。“自每年立夏日起至立冬日止，两河约计三百六十日，而金塔只十五日，占全量二十四分之一，而酒泉耕地或人口决无二十四倍于金塔，而王子庄夏禾每年求一水而不可得，酒泉夏禾最低每年灌水在三次至七次不等。”② 上游酒泉不放水除地多水少外，还提出以下几点理由：第一，“金塔王子庄距水太远，所经路线多属沙漠，芒种融雪之水无多，恐不易流到”③；第二，芒种如放水十日，不便施酒民地；第三，放水时各坝封闭，洪水弥漫，十日期满不易堵塞。可见，原来的分水办法并没有兼顾双方的利益，导致各执其词，这是两地水资源供需矛盾产生的主要因素之一。

二是原有的分水办法不能适应新出现的情况。石羊河上游的北沙河发源于武威洪祥乡北的河槽中，上游与东大河、西营河老河槽相连，由西向东在武威四坝乡三岔稍地与石羊河汇合，河南为武威地界，河北为永昌、民勤地界。由于武威、民勤、永昌三县在河道两岸，较大的河坝有十多条，其中高头、徐信、三岔坝属武威，煖泉、新沟和小沙坝属永昌，上下驿沟以及蔡旗堡坝属民勤。永昌和民勤合用的有乌牛坝和梅杞坝，永昌和武威合用的有中沟坝。历史上，三县用水关系极其复杂，矛盾十分突出。下面是明崇祯十四年的北沙河

---

① 《酒金水利案钞》，1939 年，甘肃省图书馆西北文献部藏复本。

② 《酒金水利案钞》，1939 年，甘肃省图书馆西北文献部藏复本。

③ 《酒金水利案钞》，1939 年，甘肃省图书馆西北文献部藏复本。

水案。

据崇祯十四年（1641）的碑文记载，乌牛坝渠水，其河脑在凉州西南土弥干渠，山泉顺流而下，分各坝以供武威、民勤、永昌各地屯户使用。自上而下分别是高头坝、乌牛坝、许信坝、小沙坝、高庙儿坝、三岔坝以及蔡旗坝。明正德年间，有下游三岔屯民张浦等因荒旱，水利缺乏，要求增加水量，告准“每年五月初一日将土弥、乌牛等坝水利尽行闭塞，卸水七昼夜，通流三岔、蔡旗，均浇田苗”[①]。后来张浦等见三岔堡地高水低，所分的七昼夜水尽归镇番（民勤），不得浇灌，复告，准行“镇番卫议于七昼夜内，令张浦等使水四昼夜，其三昼夜听从镇番屯民分使”[②]，并以此定为水规。嘉靖十四年（1535），三岔堡屯民郭廷瑞等又告，“欲将乌牛坝等泉水开卸安闸，求加增水利，委凉州卫指挥刘钺察勘明白不准安闸，议将乌牛、小沙二坝并高头、梅杞等沟水利准添三昼夜，共前十昼夜给三岔、蔡旗屯余灌田，每年五月初一日差官分卸，将乌牛等坝沟口闭塞，浇毕，各坝照常使用”[③]。北沙河水纠纷从明正德年间一直持续到明末，起因是下游三岔、蔡旗等堡天旱缺水，第一次定案将上游乌牛等坝于五月初一日起闭塞七昼夜。第二次因分给下游的七昼夜水因地势原因流到了民勤，因此定将七昼夜水中四昼夜分给三岔、蔡旗，其余三昼夜给民勤。由于下游依然水不敷用，嘉靖年间三岔、蔡旗屯民要求上游乌牛坝卸水安闸，即由下游掌控上游的用水，这个要求违反了上游用水优先权的原则，遭到地方政府的拒绝，但第三次定案又给下游多分出三昼夜用水以增加水量。可以看出，如果地方政府不及时厘定水规，下游水资源短缺的情况将无法得到解决。

还是上述这个案件，因新问题的不断涌现，原有的分水办法必须

---

① 李玉寿、常厚春编著：《民勤县历史水利资料汇编》，民勤县水利志编辑室1989年，甘肃省图书馆西北文献部藏。

② 李玉寿、常厚春编著：《民勤县历史水利资料汇编》，民勤县水利志编辑室1989年，甘肃省图书馆西北文献部藏。

③ 李玉寿、常厚春编著：《民勤县历史水利资料汇编》，民勤县水利志编辑室1989年，甘肃省图书馆西北文献部藏。

改变，否则无法控制日益激化的社会矛盾。万历三年（1575），镇番重兴堡屯民尹保等，原额镇番东沙河使水，因山水暴涨，冲塞沙河沟渠，将情告屯兵同知赵公，赵公亲诣察勘，见三岔等堡水利充足，“将嘉靖十四年加添三昼夜水革去，给尹保等分使”[①]。到万历十九年(1591)，下游出现了新的问题，三岔、蔡旗等屯民“因原沟[②]淤塞，难以挑修，又告从乌牛河下流腰坝内至期卸水”[③]，从乌牛河下流腰坝卸水遭到了乌牛坝屯民的反对，双方争告长达二年之久。后经地方政府断定，三岔、蔡旗屯民安闸木一道，口七尺，乌牛坝民安闸木一道，口三尺，仍照新规，每年五月初一日寅时至初八日寅时，从乌牛河腰坝内卸水七昼夜。为杜绝矛盾，后又补充规定“如上坝之人，再有假告闭塞者，问官先开渠疏通后，拘听断堵塞一日，准以二日补之”。可见，在新的问题出现后，地方政府只有重新断案，厘定新规，才能使双方在分水用水问题上有据可循，并在一定程度上缓解社会矛盾。

三是分水管理上的漏洞。河西走廊大部分地区都是按粮分水，渠口的大小一般以缴纳田赋的多少而定，而各户的用水时程也以纳粮多寡为准，但在实际操作中，则有很大的漏洞。比如点香分水，掌控燃香的往往是有一定势力的水务管理者，通过对香的粗、细、干、湿以及香的种类的操控达到对分水量的控制。在这种情况下，利益受损者往往是弱势者，正如所载，“农民在浇水时送肉、送饭、送馍……否则对浇水时间扣得更苛，每逢浇水时，地主恶霸总是浇得称心满意，而巡沟护岸的农民就不能浇到适时适量的水，干地的

---

① 李玉寿、常厚春编著：《民勤县历史水利资料汇编》，民勤县水利志编辑室 1989 年，甘肃省图书馆西北文献部藏。

② 原沟指：“先任屯兵同知郝察堪明白，委官监修，开沟宽八尺五寸，深一尺七寸，每年以五月一日寅时起，将上首高头等坝闭塞，卸水七昼夜，浇灌至初八日寅时止，已毕，方许高头等坝照旧开使，置造石碣一座，上刊议定日期，河口尺寸，以杜争告。”参见李玉寿、常厚春编著《民勤县历史水利资料汇编》，民勤县水利志编辑室 1989 年，甘肃省图书馆西北文献部藏。

③ 李玉寿、常厚春编著：《民勤县历史水利资料汇编》，民勤县水利志编辑室 1989 年，甘肃省图书馆西北文献部藏。

情况成为常事”[①]。再如上轮下次和下轮上次制度。这种分水制度就是在一渠之内无论有水无水，水大水小，自上而下或是自下而上依次按规定的时间浇灌，看似公平合理，实则也存在漏洞。浇水期间巡水的“差甲”通常会偷卖一部分水，为包庇卖水行为，一般会给上游地方势力贿赂所谓的“人情水”，“在酒泉卖一寸香的常年水约可得一石二斗麦子，临时买浇一亩地的水，则需二斗麦子，武威卖一亩地的水可得二三斗麦子，民乐卖一亩地的水可得四斗麦子……”[②]

第三节　从《汉蒙界址记》的签订过程看石羊河流域生态环境的演变

成书于清代前期的《汉蒙界址记》所谈及的汉蒙分界纠纷为我们了解清初石羊河流域水资源生态环境的演变提供了一个可信的案例。康熙年间，蒙古阿拉善王旺沁班巴尔率部归顺大清王朝，最初清政府令其驻扎于阿拉善地方，与汉人互为交易。康熙二十五年（1686），汉蒙边界纠纷开始，清政府的处理结果是：

> 查定贺兰山六十里之内作为民人采薪之处，六十里之外作为蒙古游牧之所。[③]

雍正初年，汉蒙边界争端又起。事情的起因大致是：雍正四年（1726），蒙古多罗郡王和硕额驸阿宝奉旨移驻西宁，原来所定的贺兰山六十里之外遂空出，“均作民人采薪牧放之所”。由于多罗郡王驻牧西宁后，水土不服，又奉旨回故地。此时，清政府将定远城赏

① 《河西志》（上编），中共张掖地委秘书处1958年编印，甘肃省图书馆西北文献部藏。

② 《河西志》（上编），中共张掖地委秘书处1958年编印，甘肃省图书馆西北文献部藏。

③ 道光《镇番县志》卷1《地里考》，成文出版社有限公司1970年版，第56页。

赐给其作为居住地。不久，“额驸阿宝又控告伊之游牧内有民人等私砍树木”[①]，并呈请清政府重新定界。这次定界在前次的基础上，出于军事防御的考虑，以永昌县宁远堡属的墩、泉为界，最终的结果是：

> 凉州府属永昌县宁远堡属在正北，离城七十里，宁远堡再北即昌宁湖，离本堡八十里以墩为界。东北之平泉尔离本堡七十里，以泉为界。西北之寺儿沟离本堡一百二十里，以墩为界。墩泉以内系汉民耕牧之地，墩泉以外系蒙古游牧之处。与蒙古相去尚远，久相安分，从无争端。[②]

这次定界使永昌县和蒙古两造相安，但却不能令镇番县满意。因为镇番县左右临边，不过二三十里，口内没有山场树木及产煤处所。随着人口的增加，有限的土地已经不能满足人们的生产、生活需要，遂提出要求扩大樵采之地。

> 自开设地方以来，阖县官民人等日用柴薪樵采于东、西、北之边外以供，终年炊爨实与他地不同。请以边外一、二百里之外樵采以资民生。[③]

对于镇番县这一要求，直到乾隆年间才又重新调整汉蒙分界方案，即以麻山、苏武山、阿拉骨山、青台山、小青山、榆树沟等山为界。这次处理没过多久，镇番县因移丘换段，要开辟新的土地，遂提出新的要求，主要是针对柳林湖和潘家湖屯垦地万一被风沙压埋而提出的：

---

① 道光《镇番县志》卷1《地里考》，成文出版社有限公司1970年版，第57页。
② 道光《镇番县志》卷1《地里考》，成文出版社有限公司1970年版，第58页。
③ 道光《镇番县志》卷1《地里考》，成文出版社有限公司1970年版，第58页。

经总理屯务侍郎蒋原勘，地处沙漠，恐数年之后，禾稼瘠薄，尚有附近柳林湖东面之红岗子，西南之三角城，北面之刘家山俱尚可耕，以为将来移丘之地，须于屯务有益。①

这一请求得到了清政府的认同，但不久汉蒙争端再起，蒙古一方要求以最初议定的贺兰山六十里为界，并向超越此界樵采的民人征税，双方争端愈演愈烈。后经地方政府与之多次商谈，直到乾隆五十五年（1790），才最终根据镇番县原奏议定双方分界线。这次谈判的过程十分艰巨，蒙古王公贵族最初坚不让步，而地方政府也绝不退让，正如一位地方官员所言：

今若照六十里定界，则镇番一县军民百姓无处樵采、牧放，于民生大有关隘。②

从以上可以看出，从康熙朝到雍正、乾隆两朝，汉蒙双方边界争端不断。由此，笔者认为有两点值得思考。

一是人口的增加对土地形成压力。康熙初年，蒙古部落曾居住于阿拉善地方，汉蒙双方相互交易，平安无事，说明此一时期，汉人居住区人地矛盾的现象并不突出。到康熙二十五年（1686），以贺兰山六十里为界，将界内定为汉人樵采地，将界外定位蒙古人游牧地，这一议定结果显然扩大了汉人的耕牧地，说明汉人人口的增加已形成对生态环境的压力。雍正、乾隆时期，镇番县的人口更是突飞猛进，之前划定的区域已经不能满足其需求，进而要求“以边外一、二百里之外樵采以资民生”，否则，镇番人民生产生活大受影响。

二是人口的增长加速沙漠化进程。人口增加既会要求不断寻求新的土地，同时在当时的生产生活条件下也是一个不断破坏植被的

① 道光《镇番县志》卷1《地里考》，成文出版社有限公司1970年版，第59页。

② 道光《镇番县志》卷1《地里考》，成文出版社有限公司1970年版，第63页。

过程。比如，镇番县的柳林湖本来是石羊河的终端湖，可以起到调蓄河水、改善湖区气候的作用，但由于人口不断增加，沙漠化日趋严重，人们不得不经常移丘换段，寻找新的土地。雍正十二年(1734)，镇番县柳林湖地区被政府允许开垦，“划地二千四百九十八顷五十亩，乾隆二十八年起科后，实额地二千三百三十二顷三十三亩”，到道光年间“通共实熟地三千七百八十二顷十二亩”[①]。湖区成为国家的纳税大户，上游以及湖区土地的开垦灌溉，造成湖水大量减少，林木的大量砍伐使湖水蓄水能力急速降低，20 世纪 50 年代末，柳林湖逐渐缩小直至干涸而变为沙滩、碱盆。又如，河西地区的赋税制度规定，除更名田、学粮田等除外不斜，其余土地不仅需要纳粮，而且还要纳一定数量的草。草的大量收割，使得土地沙漠化的现象加剧。无论是开荒、纳草、樵采或是食用沙生植物，无疑会对脆弱的生态环境造成难以弥补的破坏，这种破坏的结果就是沙漠化的不断加剧，当自然环境逼迫人们离开原来生产、生活之地寻求新的生存之地时，新一轮的破坏又开始，自然生态就在这种恶性循环中走向颓败。

明清以来，河西走廊的开发实际上经历了从以军事防御为主到军事防御和经济开发并重的转变。从历史的角度看，河西地区由于特殊的地理位置，其作为国家军事重镇是一脉相承的传统，并受到国家的高度重视。然而，军事屯田及移民开发如果超过了一定的限度，则会破坏该地区的生态。由于传统社会落后的生产力和生产方式，任何超越土地和水资源承载能力的举动，都会给脆弱的生态环境带来无法逆转的破坏。河西地区生态环境的衰变经历了一个漫长的历史进程，在这一进程中国家的历次无限制开发无疑起到了加速的作用。以史为鉴，可以为我们当今如何将保护河西生态环境与开发河西经济统一协调起来提供一定的经验。

① 道光《镇番县志》卷 3《田赋考》，成文出版社有限公司 1970 年版，第 180 页。

小 结

明清以来，河西走廊的用水纠纷从未停止过，其规模之大，绵延之长实为历史罕见。就根本原因来看，主要是灌溉水源无法满足日益增长的需要。水资源的短缺既有自然原因，如气候干旱、水资源分布不均、半沙漠化的农业自然条件等，也有不容忽视的人为原因。历史时期，河西走廊经历了数次大规模的开发建设，这些开发既造就了河西走廊发达的绿洲灌溉农业，同时也严重破坏了这里的生态环境，特别是水资源环境。人口的增加，土地的拓垦，沙压渠道的频发，这些都无疑引发对新的水源的寻找。落后的水利设施、灌溉方式以及生活方式不仅造成对水资源的浪费，还容易引发各种水患，严重影响了水资源的供需关系。

由于传统国家对水利社会的干预有限，在水资源供需关系日益紧张的背景下，旧规陈章是引导社会控制的主要手段，虽然这种民间制度已不能应对现实问题，然而除了恪守因循外，没有更好的办法来缓解社会矛盾。

第五章　明清以来河西走廊水资源社会控制研究

第一节　民间非正式控制体系

从社会学的角度看，社会控制通常被分为两种：正式控制（formal control）与非正式控制（informal control）。正式控制的结构包括法律、政策等制度要素，也包括军队、法庭、警察、监狱等组织要素，其目的在于通过组织起来的各种力量和机构，实施各种规章制度，引导人们的社会行为，促成和维护社会秩序，正式控制主要存在于政治组织之中。非正式社会控制涵盖范围较广，在现实社会中更普遍，存在于非正式组织或个人当中，主要用于调节日常的社会关系和行为，包括各种非正式的民间规约、民间信仰、家规家训、宗教规范，也包括各种引导社会控制的心理和情感因素。正式控制与非正式控制相辅相成，缺一不可，共同维护和稳定社会秩序。[①]

美国社会学奠基者爱德华·罗斯（Edward Alsworth Ross）在《社会控制》一书中指出，“一切社会因素都通过惯例、劝说，甚至恫吓的途径从四面八方影响着我们，在绝大多数抉择时，人们均为像太阳引力或斥力一样的常规惯例所左右”[②]，罗斯将常规惯例归入社会暗

---

① 文史哲编辑部编：《国家与社会：构建怎样的公域秩序?》，商务印书馆2010年版，第454页。

② ［美］E. A. 罗斯：《社会控制》，秦志勇、毛永政译，华夏出版社1989年版，第114页。

示，而社会暗示正是主导社会控制的主要因素之一。制度[①]是发挥社会控制的主要动力，如果说法律是正式制度的话，那么，民间惯例、规约、习俗等则可被视作非正式制度，非正式制度是人们在长期的社会生活中，无意识形成的、无须经由正规化而约定俗成的规则，是世界各民族世代相传的文化的重要组成部分，具有持久的生命力。人类社会的自发秩序，在很大程度上是由非正式制度调解形成的社会秩序。非正式制度减少了社会惩戒制度实施的成本，保留了社会自治的空间，使日常生活得以顺利进行。[②] 无论是正式制度还是非正式制度都对社会控制发挥着十分重要的作用。明清以来，水规、水约无疑对河西走廊水利社会秩序的维系起到了重要的作用。民间水资源非正式控制体系主要表现为以下几方面。

一 "按粮拨水""按粮出夫"的管理制度

河西走廊的水规、水约体现了民间水利灌溉的管理与运作。管理层由水利老人、水利乡老等水官构成；分水原则是按粮计算水程；水利维修也是以粮派夫。譬如在古浪县，按惯例用水之家都被开载于水簿上，上面写明额粮及用水时刻，"无论绅矜士庶俱按粮出夫，并无优免之例"。根据乾隆时期的《渠坝水利碑文》记载，水利乡老的职责：一是务于渠道上下不时巡视，倘被山水涨发冲坏，或因天雨坍塌淤塞，催令急为修整；二是不时劝谕化导乡民不得强行邀截混争；三是水利乡老要按粮派夫，不得派夫不均，"致有偏枯受累之家"[③]。水随粮走，比如"板槽沟额粮二百三十五石，煖泉坝额粮二百六十三石；板槽沟额水三百二十六个时，煖泉沟额水四百零九个时"。对于灌溉渠口的尺寸也有详细的规定，如头坝"渠口与土头坝合闸，阔各

① 制度是在社会或群体生活里逐渐形成的调解和规范各社会主体相互关系的社会规范或体系，包括强制性规范、非强制性规范、正式规则、非正式规则等。参见司汉武《制度理性与社会秩序》，知识产权出版社 2011 年版，第 116 页。

② 司汉武：《制度理性与社会秩序》，知识产权出版社 2011 年版，第 127 页。

③ 民国《重修古浪县志》卷 2《水利》，1939 年，甘肃省图书馆西北文献部藏复本。

七尺，因土头坝田地穹远，外让加润沟闸口一尺八寸，闸口界在水平庄。（头坝）额征水粮三百五十石，额水四百余时”[①]。

二　民间分水制度的运作特点——率由旧章

明清以来，河西走廊在水资源分配管理上向来遵循“率由旧章”的原则，直至民国时期地方政府在断案时仍采用前朝的定章。古浪县嘉庆二十二年（1817）的《长流川六坝水利碑记》以及民国五年（1916）的《长流坝水利碑文》记载了长流、川六两坝之间持续一百多年的水利争端，从碑文记载看，地方政府在每一次的断案中都以“旧章”为依据，这种少有变更的做法能使民间规约保持相对的稳定性，并能在最大程度上减少纷争，维持社会之稳定。

长流坝和川六坝属同一河源，因长流坝位于山腰相交处，漏砂悬崖，遂于断崖处设木槽一通，木槽设于康熙年间，规定尺寸为“除底帮高四寸，除帮底宽二尺八寸，引水灌溉，定以成规，刊勒碑记，不容紊乱”。到嘉庆时期，由于林木衰败，河水变细，导致灌溉水源减少。川坝各坝由于分散，加之润下穹远，若无阴雨，干涸立见。长流坝虽缠山仰沟，但离河较近，经木槽通水后，无有不灌溉之处。嘉庆二十年（1815），两造因此争讼，县府断案后，“仍遵照乾隆八年碑刊旧制，木槽宽高尺寸相符，订立合同，各执一张”[②]。木槽尺寸虽有定制，但如果摆放位置不平，也可能影响水流量。嘉庆二十一年（1816），因“木槽首高尾低”，川坝乡民不服，两造再兴诉讼，经县府勘验后，“饬令首高尾低之处令其下平”。嘉庆二十二年（1817），长流坝因水源不足，将木槽“又复陡安”，还将川坝河口堵塞，两造再起诉讼，经地方政府断案后，双方最终悦服。这说明在水资源日益短缺的情形下，规定的木槽尺寸已经不能约束乡民的争水行为，陡安木槽、堵塞河源等行为在所难免。即便是在这种情况下，地方政府和

① 民国《重修古浪县志》卷2《水利》，1939年，甘肃省图书馆西北文献部藏复本。
② 民国《重修古浪县志》卷2《水利》，1939年，甘肃省图书馆西北文献部藏复本。

民间社会依然以“旧章”为准绳，以避免更大的社会骚乱。根据民国五年《长流坝水利碑文》的记载，这年两坝争水矛盾再度升级，川七坝乡民直接截毁木槽以断绝长流坝的水源，在这次事件中，地方政府下令“按依官定尺式，将川七坝截毁木槽照旧修复”，并“建石立碑，永决讼端”，碑文记载：

> 前清康熙五十九年，经黄府宪规定槽帮高四寸，槽底宽二尺八寸，载明县志，今有二坝冯保元……纠合各坝谋反旧章，截毁官定木槽，几酿巨祸，诚恐日久反复，恳请建立石碑，载定尺寸，查水利为赋命之源，定章为率由之准，无论时代若何变迁，断无忽焉更改之理。①

由此可以看出，直至民国时期，河西走廊水资源管理分配基本上是以清初“旧章”为依据的，“旧章”“成规”作为非正式制度在国家的认同和维护下，对河西走廊水利社会的秩序，换言之对社会控制发挥着至关重要的作用。

三　民间水利管理层总理渠务

明清以来，伴随着国家对河西走廊开发的逐步深入，水利社会日渐成熟，水官成为水资源非正式控制体系中重要的组成部分。民间水官主要负责灌溉用水、渠道维护，并协助地方政府处理水事纠纷、议定灌溉章程、监督分水用水等。

清代，敦煌县分为东西南北四乡六隅，每隅之下又设若干坊区。六隅各设农约一名，管一隅之事。每隅之下各坊设坊长一名，坊长之下每十户立甲长一名，“各司其事，如耕耘、灌溉、播种、收成”。每渠各设渠正二名，渠正之下设渠长一到三名，“渠正总理渠务，渠长一十八名分拨水浆，管理各渠渠道事务”。渠长之下每渠派水利一名，“看守

① 民国《重修古浪县志》卷2《水利》，1939年，甘肃省图书馆西北文献部藏复本。

渠口，议定章程，每年春间，冰雪融化，河水通流，户民引灌田地……至立夏日禀请长官，带领工书、渠正人等至党河口名黑山子分水，渠正丈量河口宽窄，水底深浅，合算尺寸，摊就分数，按渠户数多寡，公允排水，自下而上，轮流浇灌”[①]。清代，敦煌县民间农官的设立，层序分明，职责清晰，农约、坊长、甲长总司农务；渠正、渠长、水利专司水利。每年立夏分水时，各级水官陪同地方政府一同亲临现场，监督指挥分水，体现了国家对规范水利社会秩序的重视。

民间水官作为协助政府管理水利的非正式官员均由民间选举，政府任命，这些水官一旦被任命都享有不同程度的补助津贴。民国时期，民勤县的渠长、副渠长、渠干事、岔长、副岔长、水首等，“每人每月津贴小麦一市石”；沟长由本沟支给津贴，“标准不得超过上述渠工，每人每月津贴小麦六市斗”；旅费支给小麦，“渠长、副渠长年各支四市石，湖属各渠水首年各支给三市石，渠干事、岔长、副岔长、沟长、副沟长、渠丁及川属各渠水首，均不支旅费”。另外，各渠还有办公经费，按月以小麦支给。所有各项支出“由各渠渠户分别按照现在承纳田赋粮额（学粮在内）平均负担，于每年田赋开征日期起，交送渠务所或渠长量收给据，并由各渠长将收支情形于本年度终了时结报县政府收核”[②]。

民国时期，国家对水资源管理的力度进一步加大，民间水利管理逐渐制度化，民间水官的职责、义务等更为明晰。如《民勤县水利规则》中对水利管理人员、渠户的职责、奖惩、义务等做了较为详细的规定，如各级水利人员从事水利十年以上，有重大劳绩者，由县政府呈请省政府依法褒奖之。对于热心赞助水利工程，输纳水利费用至配额一倍以上的渠户由县政府发给奖金。各级水利管理人员贻误河渠防护，损失人民生命财产，凭借职务诈索有据，办理工程营私舞弊等将依照刑法论处。各渠于每年水期前隔月，由渠长拟

---

① 道光《敦煌县志》卷2《水利》，成文出版社有限公司1970年版，第121—122页。

② 李玉寿、常厚春编著：《民勤县历史水利资料汇编》，民勤县水利志编辑室1989年，甘肃省图书馆西北文献藏。

定工程计划及预算，呈报县政府核准。渠水无论何处溃决，应由渠长督率全渠人员及民夫即刻抢堵，并迅报县政府派员监视。渠岸每年由渠长督率渠户增植树木，每户一株至五株。渠长及看河水首应将河道及坪口通常水位精确测定，呈报县政府备查。如有水位非常升降时，即将升降水位尺寸迅报县政府以便及时设法防护或匀泄。

各渠渠工所需物料夫工由各该渠渠户负担。渠户如有不遵水规，损坏河堤坪口，挖掘堤岸，故意决水等行为除责令赔偿损失，并以刑法论处，斟酌其情节轻重，没收其浇灌地亩之全部或部分。没收的地亩由县政府按时价拍卖，补助河工费用。渠户如有不遵水期，私自开口浇灌，不守顺序筑坝抢浇，水额已尽不堵坪口，聚众抢行浇灌，筑坝浇水，坝底高于水口以致溃决堤岸等行为处拘役或罚款，并责令赔偿损失之全部或部分。渠户私移水口、坪口位置，或变更其尺寸；未经政府核准私自开改新渠或截河；私塞小道；挖取堤岸两旁沙土；铲伐堤岸两旁草皮及树木；在河岸及两傍耕种或放牧，除限令恢复、废止或赔偿外，处拘役或罚款。[①]《民勤县水利规则》反映出民国时期，民间水利管理逐步走向制度化、法制化的趋势，同时也凸显出国家对水资源管理和控制力度的加大。

四　以龙王庙为水资源管理的权威象征

明清以来，河西走廊龙王庙有其独特的意义，它不仅仅是民众祈雨禳灾的信仰依托，同时也是官方和民间维护社会秩序的权威象征。以镇番县为例来说明这个问题，道光《重修镇番县志考》中的《总龙王庙碑记》记载，镇番县额粮是六千余石，主要依靠石羊河大河之水来浇灌。为了规范流域内的社会秩序，碑记首先明确大河之水的来龙去脉：

大河之水合石羊、洪水二支而东北注焉。洪水一支发源于武

① 《民勤县水利规则》，转引自李玉寿、常厚春编著《民勤县历史水利资料汇编》，民勤县水利志编辑室1989年，甘肃省图书馆西北文献部藏。

> 威县属之高沟堡……石羊河即达达河是也，自蔡旗堡逆溯而上，西收三岔堡南北沙河之渗漏，东收……穷源溯本，则以郡城西北清水河为吾镇大河之星宿，初设镇时，镇人于此建龙王庙，置地八亩，粮三斗，上纳镇仓。界属武威，粮归镇邑。故先后相传，名之曰镇番龙王庙。①

以上清楚表明镇番县设立龙王庙的起因以及建造位置、纳粮归属，以免和邻县产生纠纷。此庙修筑于顺治年间，由于年代久远，碑记剥落，基址地亩"半为邻民蚕食"。为了重新规整龙王庙当年立下的秩序，"蒙本县详府，府审详镇道各县勒石公署，挪赢余资，重镌碑记，使后之人有所观感"②。碑记还镌刻了本地的分水则例供民人遵守，"……于按粮均水之中酌为调剂，宁人之意，取结议详，各坝士民俱皆悦服。详蒙督宪批示，如详勒碑，永远遵守浇灌，以息讼端，以垂久远，须至勒石者"③。可以看出，龙王庙的分水碑记确对维护社会秩序发挥着重要作用，不仅可以有效维护和邻县的秩序规则，也可以较好地调节本地区内部的利益关系。因此，明清时期，政府整合社会秩序的重要手段之一就是借助龙王信仰，巩固龙王庙的权威地位。

第二节　民间水资源社会控制的表现

一　"悍邻在侧"——强势社会群体对水资源社会控制的影响

在法律制度缺位的传统社会里，在水资源供需矛盾突出的状态下，非正式管理制度的威慑力急遽下降，人为因素经常破坏原本的规约制度，强势社会群体凭借人多势众以及占据上游的优势往往对水资

---

①　道光《重修镇番县志》卷4《水利考》，《中国地方志集成·甘肃府县志辑》(43)，凤凰出版社2008年影印版，第181页。

②　道光《重修镇番县志》卷4《水利考》，《中国地方志集成·甘肃府县志辑》(43)，凤凰出版社2008年影印版，第181页。

③　道光《重修镇番县志》卷4《水利考》，《中国地方志集成·甘肃府县志辑》(43)，凤凰出版社2008年影印版，第184页。

源享有更多的掌控，因此造成水资源不公平和不合理的分配，社会矛盾必然频发。在国家与地方势力的博弈中，国家最终以妥协者的姿态息事宁人，并将更多的资源控制权让位给地方强势群体。民间分水制度是国家和地方强势群体协调、商量的产物，因而不能真正发挥维护社会公平正义的功能。下面这个案例发生在清初石羊河流域的武威县和永昌县，其历时之久，影响之大，实为历史罕见。

康熙年间的《判发武威高头坝与永昌乌牛坝用水执照水利碑》上记载，乌牛坝是一个势大力强的村堡，而下游武威高头坝则相对处于弱势，乌牛坝长期争控水利，以至于双方互控不休，“查得乌牛坝地连七堡，户盈数千，村落富庶，为永属之最称豪强者。而高头与之为邻，计其户不满三十家，按其人不过五六十。乌牛坝眈眈视此泉水如干鱼作猫枕，垂涎朵颐，必图大嚼而后快。故构讼自康熙三十三年起，迄今十有七载，叠告不休”①。强势社会群体对水资源的掌控具有绝对的优势，最主要的表现就是无视官府的定案，国家在基层社会发挥的作用和影响较弱。

> 经前抚宪喀、前抚宪齐、前道陈参议、武副使、署凉庄道事甘宁驿传道王副使、甘山道巩副使以及厅、卫、所等官不可枚举，或亲行踏勘，或批委验审，俱明白断结立案，几如南山之不可移。乃乌牛坝民人……更番叠做状头，翻久定之案，作新起之风波。……今年结案，明年复告，旧官结案，新官复告，道、厅、卫门结案，督抚卫门复告。前官将乌牛坝责惩枷示已非一次，而仍然惘不畏法，恣肆诬控……②

这充分表明乌牛坝村堡视官府定案如空文，“倚恃人众，强夺

① 《判发武威高头坝与永昌乌牛坝用水执照水利碑》［康熙四十九年（1710）］，转引自王其英主编《武威金石录》，兰州大学出版社2001年版，第140页。

② 《判发武威高头坝与永昌乌牛坝用水执照水利碑》［康熙四十九年（1710）］，转引自王其英主编《武威金石录》，兰州大学出版社2001年版，第140页。

高头沟水利，更番叠告”，而地方政府对社会的掌控则相对薄弱，并对强势群体作出一定的让步和妥协。还是上述案件，康熙四十九年的定案[①]反映了地方政府在水资源分配上对乌牛坝的倾斜，因为四眼泉水本来系高头坝的灌溉源泉。[②] 地方政府和弱势群体的让步并没有达到预期的目的，到雍正初年，乌牛坝再次翻案兴讼。根据雍正年间的《判发武威高头坝与永昌乌牛坝用水执照水利碑》记载，这一次乌牛坝是为争夺武威、永昌交界之处的泉水。武威、永昌交界之处有泉四眼，泉眼距离高头坝较近，系高头坝灌溉之源，“每被接壤之乌牛坝争夺，高头坝弱难抗衡”。早在康熙三十三年（1694），经地方政府判定，四泉眼之中，已经分出二泉眼给乌牛坝，“讵意，乌牛坝地广人强，视高头坝如釜鱼几肉，于陈道断给之后，又于康熙四十年、四十一年、四十六年等年，乌牛坝争夺如故。经前任王凉庄道、武凉庄道，并蒙前抚宪喀、齐及赵凉厅，俱以陈道所断为公允……于（康熙）四十九年间作搬逃计挟制长官，并踞四泉”[③]。康熙四十九年（1710），经地方政府断案后，“照前断柳树下之上二泉给高头坝，以草滩下之下二泉给乌牛坝”，地方政府基本上是维持原案，以此来强化定案之权威性。但是相安无久，“乌牛坝民故志复萌，又于康熙五十四年、五十九年、六十一年、雍正元年屡行争夺”[④]。在地方政府维持原案的背景下，至雍正

① 定案是“（康熙四十九年）将柳树下、南岸上二泉断给高头沟，草滩口北岸下二泉断给乌牛坝。至原坝原沟，两村照旧各守，于上二泉立小碑一座，镌‘高头沟’字样，下二泉立小碑一座，镌‘乌牛坝’字样。于沙河口高堤上，统立大石碑分定界限。”参见《判发武威高头坝与永昌乌牛坝用水执照水利碑》，转引自王其英主编《武威金石录》，兰州大学出版社2001年版，第140页。

② 四眼泉水属于高头坝，有史料作证：“（雍正十二年）经杨署司将两造及证佐提兰，研讯各供，并按赵平庆道会同地方官绘填地图，确系高头坝原有四泉内，除分给乌牛坝二泉之外，高头坝止存二泉，别无涓滴。”参见《判发武威高头坝与永昌乌牛坝用水执照水利勒石碑》（乾隆九年），转引自王其英主编《武威金石录》，兰州大学出版社2001年版，第152页。

③ 《判发武威高头坝与永昌乌牛坝用水执照水利碑》［雍正十二年（1734）］，转引自王其英主编《武威金石录》，兰州大学出版社2001年版，第146页。

④ 《判发武威高头坝与永昌乌牛坝用水执照水利碑》［雍正十二年（1734）］，转引自王其英主编《武威金石录》，兰州大学出版社2001年版，第146页。

十年（1732），乌牛坝民又兴奸讼，“意必欲独霸四泉，使高头坝无涓滴可资始为称快，致地方官亦因每年控争，不得不以前断为变通”[1]。这次变通虽然没有成功，[2] 但却表现出政府继续妥协以求息事宁人的意图。如果说从康熙年间到雍正年间，政府的断案在兼顾弱势群体的利益（高头坝）上表现得还较为公允的话，那么到乾隆九年（1744），在双方持续争夺水利、相互控告的背景下，[3] 地方政府已明显开始向强势群体妥协，在地方政府与地方势力之间长久的博弈中，最终以政府的妥协来缓解日益激化的社会矛盾：

> ……
>
> 随移甘山道及凉州府，逐一遵照去后，今移准该道称道，即率同凉州府并永昌令刘亲至渠所逐一确勘，按其粮数之多寡，审其水源之大小，酌议“于高头坝上二泉之内筑成石坝，于石坝之中凿孔，使之昼夜长流于乌牛坝七堡均润”等情前来。……今该道按粮数、水源，议以筑坝凿孔使之昼夜长流于乌牛坝，其履勘酌断必非无见。[4]

针对上述建议，地方政府再次调查会勘后，认为“如将高头坝改筑石坝凿孔分注，诚恐尽皆倾泻不留涓滴，仍起争控之端。莫若遂其所欲，议请将柳树下上二泉，一并断给乌牛坝，即再靠泉筑堤堵水，以朱家地上开沟引入草滩口，汇归下二泉，流入响水沟，毋许乌牛坝

① 《判发武威高头坝与永昌乌牛坝用水执照水利碑》［雍正十二年（1734）］，转引自王其英主编《武威金石录》，兰州大学出版社2001年版，第146页。

② 变通前案的提议是：“此凉庄道府有合流建闸，按日分水之详，蒙宪台批司查议，赵署司以示悉泉源之形式，虽该道府佥谓建闸为是，究难悬定，是以详委前任赵平庆道会同地方官查勘酌议，经赵平庆到堪明，议于高头坝上二泉之内，再分出一泉与乌牛坝……”参见《判发武威高头坝与永昌乌牛坝用水执照水利碑》［雍正十二年（1734）］，转引自王其英主编《武威金石录》，兰州大学出版社2001年版，第146页。

③ 乾隆九年，“乌牛坝民人，又复抗断，恃强聚众挖坝枪水”，参见《判发武威高头坝与永昌乌牛坝用水执照水利勒石碑》［乾隆九年（1744）］，转引自王其英主编《武威金石录》，兰州大学出版社2001年版，第152页。

④ 《判发武威高头坝与永昌乌牛坝用水执照水利勒石碑》［乾隆九年（1744）］，转引自王其英主编《武威金石录》，兰州大学出版社2001年版，第152—153页。

民再估大河滩涓滴之水”[①]。

至此，原属高头坝的四眼泉水全部为乌牛坝占有，而高头坝资以灌溉者，“惟煖泉坝下津漏之水与河滩内小泉之水”。在官府步步妥协和强势群体不断地恃强凌弱情势下，弱势群体只能成为水资源利益分配中的牺牲者。值得说明的是，案件还远未结束，到乾隆十五年(1750)，“无如乌牛坝民贪壑难填，谲谋日出，又于乾隆十五年六月内，据乌牛坝民苏怀信、杨复泰等言前断由朱家地开沟引渠，地高难行，请改沟由河滩接引”，经地方官府勘察，认为“若使上二泉果从河滩筑坝顺下，不但高头坝所有煖泉漏水随之北流，而河内零星出水之处，也与之俱北”[②]。可以看出，乌牛坝对水利的争夺永无止境，正如地方官府所言，“乌牛坝民惟知利己，不顾损人，奸险深谋，类不可测，必使高头坝不流涓滴而后已”。乌牛坝这次实属过分的无理提议遭到地方政府的拒绝，这次判决以维持定案，加重处罚肇事者了结。[③] 纵观此案，为什么乌牛坝屡次敢于违抗官府定案，私挖抢水，而官府对此又无可奈何，甚至屡为偏袒？分析起来，大致有以下几点不容忽视。

其一，乌牛坝占据上流优势。占据上流为筑坝截水带来方便，直接影响下流的水量。从乌牛坝和高头坝的地理位置看，“永昌上煖泉乌牛坝与凉州高头坝民分两卫，水共一河，上煖泉地居上流，有坝障水入沟灌田。乌牛坝居河北岸，高头坝居河南岸，而高头坝又有上泉两处，乌牛坝亦有下泉二处”[④]。如果排除自然灾害、土地扩大、人

---

① 《判发武威高头坝与永昌乌牛坝用水执照水利勒石碑》［乾隆九年（1744）］，转引自王其英主编《武威金石录》，兰州大学出版社 2001 年版，第 153 页。

② 《判发武威高头坝与永昌乌牛坝用水执照水利碑》［乾隆十六年（1751）］，转引自王其英主编《武威金石录》，兰州大学出版社 2001 年版，第 160 页。

③ “查乌牛坝之屡争高头坝水利着，披阅原卷，以前之敢于结党搬逃，挟制官长……聚众抢水，私毁石碑，其请罪正和山陕刁民定例，为首者决不待时，为从者拟以缳首，余亦分别拟定例……该坝人民愍不畏死，亦由以前审断之员过于宽原议给泉水，且仅以枷责徒杖完结……”参见《判发武威高头坝与永昌乌牛坝用水执照水利碑》［乾隆十六年(1751)］，转引自王其英主编《武威金石录》，兰州大学出版社 2001 年版，第 161 页。

④ 《判发武威高头坝与永昌乌牛坝用水执照水利碑》［康熙三十九年（1700）］，转引自王其英主编《武威金石录》，兰州大学出版社 2001 年版，第 134 页。

口增加等变量，两处渠民用水基本不会发生矛盾，但这只是理想状态。康熙三十二年（1693），“因水涨冲坝，上煖泉（乌牛坝）民朱色民等不循旧址，移坝于下，高堵塞流在高头坝”。“移坝于下”意味着乌牛坝将坝建造得更向下游，从而截留了高头坝应用之水，这样高头坝就面临用水危机。上游乌牛坝还用既成事实的手段迫使地方政府承认局面，“前经本道亲审，若移坝仍旧，则一百六十步之工废于一旦，非所以恤民力”，为了照顾下流高头坝的用水问题，地方政府又采取折中办法，“故酌量于近中南边向上拆移十步稍疏水势”①，也就是说只拆移了十步将少量水分给高头坝，即使被地方官判给高头坝的少量的水也没有真正落到实处，因为乌牛坝“所拆十步竟在旁岸极南沙滩之上，水溢则可遍及，若水涸之时，沙高流难逆上，地成焦土，是由水之名无水之实矣”②。上下游用水矛盾，多数时候是上游私挖截水导致下游水量减少。上文表明，在发生自然灾害等外力因素时，上游为了弥补损失，在工程选址上避难就易，不考虑下游的用水，直接在下游附近筑坝截水，导致下游用水危机加重。另外，乌牛坝不仅占据河流上游，在水资源利用效率上也占据优势，“查高头坝田地坐于东南，乌牛坝田坐于东北；高头坝地高水低……高头坝之上二泉流入沙河，必须筑坝以蓄，其势方能由东南入地，否则难于引灌。其乌牛坝之下二泉，则由朱家地顺流而下，兼有响水沟、长沟、大脑泉、煖泉等河流畅流广润，尽足其用”③。

其二，乌牛坝人多地广，在水资源的争夺上占据优势。上下游群体对水资源的争夺不仅受到其所占地势区位的影响，而且还受到人口及土地面积的影响。在碑刻中，乌牛坝恃强凌弱的记载多处可见，“乌牛坝地广人强，视高头坝如釜鱼几肉”，“乌牛坝地连七堡，户盈

① 《判发武威高头坝与永昌乌牛坝用水执照水利碑》[康熙三十九年（1700）]，转引自王其英主编《武威金石录》，兰州大学出版社2001年版，第134页。

② 《判发武威高头坝与永昌乌牛坝用水执照水利碑》[康熙三十九年（1700）]，转引自王其英主编《武威金石录》，兰州大学出版社2001年版，第134页。

③ 《判发武威高头坝与永昌乌牛坝用水执照水利碑》[雍正十二年（1734）]，转引自王其英主编《武威金石录》，兰州大学出版社2001年版，第147页。

数千，村落富庶，为永属之最称强者”，“乌牛坝民始终恃强欺弱，贪心无已，每至需水之时，即掘坝夺水”，“明欺高头坝人少且弱，任意争持，分班叠讼”，“据称乌牛坝粮多，高头坝粮少，但乌牛坝已分得二泉之外，尚有响水等四处泉源”，“又两坝民户众寡贫富大相悬殊……且乌牛坝称额粮二千余石，以为按粮均水，田均赋册内，乌牛坝止承粮一千二百余石，实为混开虚捏。即使按粮均水，高头坝承粮二百余石，亦应分乌牛坝水五分之一”[①]。由上可以看出，乌牛坝人多势众，加之缴纳额粮数目是高头坝的六倍，倚仗这两点，乌牛坝在水资源的争夺上明显处于强势地位。

其三，地方政府的偏袒。从康熙三十九年（1700）、康熙四十九年（1710）、雍正十二年（1734）以及乾隆九年（1744）的水利碑刻中，可以看出地方政府每一次断案都是对乌牛坝的一次妥协。康熙三十九年（1700），两坝起讼，乌牛坝因水涨冲坝，不按旧址进行维修，而是在下游新筑大坝，直接将高头坝水引入自己田地。地方政府在判案中，不是强令其拆坝移回旧址，而是以“一百六十步之工废于一旦”为由，牺牲高头坝灌溉水源（于近中南边向上拆移十步），以打破原有社会秩序为代价，对乌牛坝作出极大让步和妥协。因乌牛坝所拆十步之水有名无实。妥协和让步不仅没有恢复社会秩序，反而加剧了社会矛盾。根据雍正十二年（1734）碑文记载，永昌和武威交界的四眼泉水本属高头坝，“康熙三十三年间，经前任陈凉庄道，因两坝之强弱，审四泉之源流，以柳树下近南之上二泉，仍断给高头坝资用，于草滩下倚北之下二泉，则分给乌牛坝资用”[②]。可见，早在康熙三十三年（1694），地方政府就将原属高头坝的四泉中分出两泉给乌牛坝。究其原因，还是因为“乌牛坝恃强争夺，高头坝弱难抗衡”，两地方政府为息事宁人，对于乌牛坝不合理的诉求一再退让。

---

① 《判发武威高头坝与永昌乌牛坝用水执照水利勒石碑》［乾隆九年（1744）］，转引自王其英主编《武威金石录》，兰州大学出版社2001年版，第153页。

② 《判发武威高头坝与永昌乌牛坝用水执照水利碑》［雍正十二年（1734）］，转引自王其英主编《武威金石录》，兰州大学出版社2001年版，第146页。

乾隆九年（1744），两坝争讼再起，地方政府认为“高头坝地势颇高，乌牛坝地势渐低，高头坝接引所分之泉，若不筑坝水不能入地，尽泄于乌牛坝”，提议在高头坝“筑坝凿孔使长流于乌牛坝”，这就是说将高头坝所属的两泉再分出一部分长流水给乌牛坝。这个提议实质就是将高头坝所属二泉涓滴不留，一并断给乌牛坝。因为高头坝地势高，乌牛坝地势低，筑坝凿孔的结果就是二泉之水“尽皆倾泻不留涓滴”。如果以此为定案，高头坝劳民伤财筑坝的结果是给乌牛坝倾注二泉之水，这个结果对于高头坝来说肯定不会接受。但权衡再三，地方政府决定彻底牺牲高头坝的二眼泉水，以满足乌牛坝之贪欲，“莫若遂其所欲，议请将柳树下上二泉一并断给乌牛坝，即再靠泉筑堤堵水，以朱家地上开沟引入草滩，汇归下二泉，流入响水沟，毋许乌牛坝再估大河滩涓滴之水。在高头坝民自揣强弱不敌，受累难支，业经允服，具结存案。至高头坝之上二泉，即经断给乌牛坝，高头坝资以灌溉者，惟煖泉坝下津漏之水与河滩内小泉之水浇灌”①。

可以看出，地方社会的各个群体在水资源的争夺博弈中，弱者往往是这一博弈过程中的牺牲品，地方政府作为水资源争夺的仲裁者，通常站在强势群体的立场上，以牺牲弱势群体的利益为代价来维持短时间内的社会秩序。这说明，在水资源争夺博弈的过程中，“悍邻在侧”时，地方政府并不能真正维持社会的公平和正义，政府以强势群体的利益为仲裁导向，助推强者成为社会控制的主要力量。

二　“名流”“伟望”对民间水资源社会控制的影响

在传统社会中，国家政权、法律制度等发挥社会控制功能的要素相对薄弱，那么社会的正常运转，社会秩序的正常维持靠什么？在传统的统治理念中，诉讼、纠纷被认为是一种非常状态，是破坏社会秩序的“恶”的行为，因此必须及时杜绝和纠正，“上天赋予皇帝这样

① 《判发武威高头坝与永昌乌牛坝用水执照水利勒石碑》［乾隆九年（1744）］，转引自王其英主编《武威金石录》，兰州大学出版社2001年版，第153页。

的责任，而皇帝又委托各大小官员来共同分担，在其之下，还存在着一支庞大的士绅队伍，他们同样被赋予这样的责任”①。从水利社会的视角看，乡规民约作为一种人们遵守的社会规则，多多少少体现了国家影响的痕迹，是社会控制的核心要素。而社会控制的中坚力量则是一个中间群体，也可称为绅士阶层。为什么说绅士阶层会引导社会控制呢？费孝通先生在《皇权与绅权》一书中指出，地方社会的治理是官僚和绅士的共同行为，因为绅士是地方社会的“名流”“伟望”，了解地方社会方方面面的知识，是地方官员治理社会的左右膀，“在通常的情形下，地方官到任以后的第一件事，是拜访绅士，联欢绅士，要求地方绅士的支持”②。如果说国家代表一个社会的正式权力层，那绅士则属于民间非正式权力阶层。爱德华·罗斯（Edward Alsworth Ross）指出，在一个高级的社会组织中，社会控制成为先决条件，一定存在某种公认的权威在相互冲突的利益之间划出界线。而在传统的平静的社会里，习惯可以划出这种界线，但当存在着变化和进步时，这种界线便模糊不清了，必须存在各种的权威重新把它们划定，否则社会便在混乱中解体。③ 这就是说权威既可以是国家，也可以是“名流”“伟望”等社会精英。国家可以运用法律制度等手段来对不同社会群体进行调解。但在传统社会里，习惯是引导社会控制的核心力量，但习惯不能总是适应新的局面，这时必须有社会权威重新划定利益之分界线，否则社会秩序将会崩溃。事实上，社会权威不仅对不同群体进行利益调节，而且在道德教化、下情上传、社会公共福利等方面发挥关键作用。总之，权威阶层可以凭借他们的威信，对社会的方方面面发挥控制作用。

清代，临泽县古集渠开渠引水一事充分体现了“名流”“伟望”在社会事务中的作用。古集渠因年代久远，沙淤石塞，每逢山水狂

① 文史哲编辑部：《国家与社会：构建怎样的公共秩序?》，商务印书馆 2010 年版，第 36 页。

② 费孝通、吴晗等：《皇权与绅权》，上海观察社 1949 年发行，第 50 页。

③ ［美］E. A. 罗斯：《社会控制》，秦志勇、毛永政译，华夏出版社 1989 年版，第 31 页。

涨，渠岸则会崩决，“生民急务切莫于此”。

> 道光二十七年一渠士庶齐集公所，众念渠水命脉，所系国课攸关，众议公委渠中士庶诸翁以任其责焉。夫诸翁均属世族之名流，均为渠中之伟望者也。尚其公应众委，即法上中之策，大展沦浚之能，或鸠工而度费，或顺流而筑堤，或智虑周详运谋划策，不致于遗笑于渠邻。或躬负勤敏，率众督工，亦无致嫌于众庶。①

以上表述说明，“诸翁”是地方上具有影响力的人物，因其德高才俊，深孚众望，在地方事务中发挥着重要作用，在水资源供需发生矛盾的背景下，他们成为扭转困局，恢复社会秩序的中坚。在“诸翁”的带领下，渠民“于本渠之旁复开新渠一道”，“水势自兹调匀，土壤于斯丰润，而后多多之稼，上上之田复见于今”②。可见，对于士庶民众来说，“诸翁”是地方社会的有功者，正如史载：“凡此者若非诸翁之才德兼优，而何以建此经远之策……渠众士庶不忍淹没，公议渠中上下各立鸿额于公庙以志诸翁之善。”③

明嘉靖年间，抚彝（临泽）、新添、三工三堡，同力公创一渠，以解决兵食民生问题。后因二堡坐落下号，连年浇灌不周，田多亢旱。清初顺治十二年（1655），“适有掌印崔公巍者，解组归田，与父老话及桑田，思欲告改新渠，以便浇灌。遂协同渠众濮天湖、戴王命等恳请钦差巡抚都御使佟批，仰钦差分巡西宁道杨转示平川等处地方守备宋就近督夫修浚二堡，自备人力，甫尺一月，水利大进”④。掌印崔公是退休后解甲归田的地方士大夫，和官僚集团有千丝万缕的联系，由其倡导改修新渠必收到事半功倍的效果。因此，在地方水利整治的过程中，掌印崔公实为核心人物。正如史载：“迄

① 民国《临泽县志》，成文出版社有限公司1976年版，第177页。
② 民国《临泽县志》，成文出版社有限公司1976年版，第178页。
③ 民国《临泽县志》，成文出版社有限公司1976年版，第178页。
④ 民国《临泽县志》，成文出版社有限公司1976年版，第183页。

今润泽均匀，岁渠众集掖之力，而征崔公倡，亦无能相与有成也。今渠工告竣，诸父老欲垂久远，谨记渠工之始末，并公之慨然首倡，以勒诸石。”① 可见，在地方社会的运转中，士绅特别是从官场上退下来的士大夫发挥着重要作用，他们受到民众的推崇，是地方社会的权力阶层，在维护社会秩序等方面作用显著。

高台县镇夷堡地居黑河北岸下游，黑河自张掖而来，西北由硖门折入流沙，灌溉临河两岸的田地。每年二月，黑河冰消，至立夏时节田苗始灌头水，“头水毕，上游之水被张抚高各渠拦河阻坝，河水立时枯竭，直待五六月大雨时，行山水涨发，始能见水，水不畅旺，上河竭泽，此地田禾大半土枯而苗槁矣”②。在水资源供需矛盾突出，社会关系紧张的背景下，缓解局面的办法一般是寻求地方政府的仲裁，这个时候地方士绅、名流便顺理成章地充当民众的代言人，与政府沟通，反映诉求。康熙五十八年（1719），镇夷堡生员阎公“恻然不忍，不避艰险，悉将此情诉控陕甘年督部堂，渥蒙奏准，定案以芒种前十日委安肃道宪亲赴张抚高各渠，封闭渠口十日，俾河水下流浇灌镇夷五堡及毛目二屯田苗，十日之内不遵定章，擅犯水规渠分，每一时罚制钱二百串文，各县不得干预”③。可见，社会秩序的维护不仅离不开政府的权威仲裁，而且也离不开地方士绅的积极参与。上述阎公因有功于社会，民众便在龙王庙建附祠一座，“近年芒种以前，安肃道宪转委毛目分县率领夫丁驻高均水，权威一如道宪状，至期吾堡整备牲牢，致祭龙王阎公附祠，以报响而重明禋，期于均水长流，为吾民莫大之利”④。可以看出，民众已将这种仪式转化为维护社会秩序的方式，恰如所载“尤望水规不乱，祠宇常新，踵事者增华，后

① 民国《临泽县志》，成文出版社有限公司1976年版，第184页。

② 民国《高台县志》卷8《艺文下·重修镇夷龙王庙碑》，《中国地方志集成·甘肃府县志辑》(47)，凤凰出版社2008年影印版，第314页。

③ 民国《高台县志》卷8《艺文下·重修镇夷龙王庙碑》，《中国地方志集成·甘肃府县志辑》(47)，凤凰出版社2008年影印版，第314页。

④ 民国《高台县志》卷8《艺文下·重修镇夷龙王庙碑》，《中国地方志集成·甘肃府县志辑》(47)，凤凰出版社2008年影印版，第314页。

有作者必将远过于今日，则固一二黎老之所深企也”[①]。

第三节 国家在水资源控制中的作用

在传统社会中，虽然非正式制度在民间水资源管理中发挥着重要作用，但作为国课民生的水利灌溉事业以及一些重大的水事纠纷仲裁等，从来都是被纳入地方政府的政务中，可以说作为民间非正式制度的维护者，国家同样在水资源控制中发挥着不可或缺的作用。

用水纠纷通常意味着一种不正常的社会状态，是对正常秩序的破坏，“控告”和“冤抑”意味着纠纷，诉讼的双方都偏离了他们应该的位置，而“申冤”“调节”“仲裁”则意味着对双方偏离状态的纠正。承担着“纠正”责任的“第三方”总是作为欺压行为的对立面出现的。在这里，“第三方”即“天命所归”，集“有德”之大成的皇帝以及其下的各级官僚阶层。[②] 政府对水资源的控制不仅仅局限于审理诉状、仲裁纠纷，在水资源的开发利用、民间水规的确认、引导民间水神信仰等方面都发挥着不同程度的控制作用。具体表现如下。

一 浚泉开田、疏通渠道——国家对水资源的开发以及水利工程之兴修

在气候以及各种人为因素的影响下，河西走廊的水利灌溉常常面临渠道淤塞、水源枯竭、国赋民生无从所出的困顿局面，这个时候只有国家出场，才能打破困局。道光《山丹县志》记载有，山丹城南四里许有草头坝，原本“征粮八十石，纳草八百束”，由于“泉源壅塞，十余年涓水不流，野无青草，人守石田，家鲜盖藏之富，催科频仍，犹不免胥吏之纠嚣……己丑冬许前县来摄篆，愍念黔黎疲癃，择

---

① 民国《高台县志》卷8《艺文下·重修镇夷龙王庙碑》，《中国地方志集成·甘肃府县志辑》（47），凤凰出版社2008年影印版，第315页。

② 文史哲编辑部：《国家与社会：构建怎样的公共秩序?》，商务印书馆2010年版，第44页。

红寺湖地移粮四十石，浚泉开田，洵盛举也”[1]。之后，邑令黄璟又在红湖寺拓地七顷，“共移粮五十石，草五百束……立为定案，从此山有居民，野无旷土，移丘换段，济其困厄”。山丹县草头坝移粮这一事件反映了国家对水土资源的重新开发。

对于一些大型或没有确切归属的水利工程，国家有调工兴修之义务。譬如山丹五坝水利灌溉源自大马营以上泉源，而这些泉源又来自白石崖口分支，可以说这是丹邑百姓的衣食之源，一旦源头堵塞，下游灌溉立成问题，然而就是这样一处重要的水利源头，在修浚维护上，由于没有明确的承担义务者，导致经常失修，严重影响了下游的农田灌溉。根据《重修白石崖碑记》记载，“白石崖旧渠明季屡经督宪各大人或驰檄董事或委员监修，增缮墩台，疏导河口，灌溉之洋溢奚止数千家，旱不为灾，良非虚语”[2]。这说明在地方政府的倡议和兴工修浚下，白石崖河口得到了较好的维护。清初，由于战乱和其他原因，白石崖河口的修浚维护中断了，渐至上流淤塞，田地荒芜。康熙年间，“原任山丹卫屯政厅张公因年旱，遂上其事，蒙道府两宪惠爰，饬各属耆庶人夫赴河口重疏，稍事堤防，即有混混不舍之机”[3]。白石崖河口在雍正年间再次进行修浚，当时县侯张公蒙川陕总督岳钟琪奉《营田水利》一案，晓谕坝内庠生等绘图呈县投府，最后府宪“檄委经理韩公同各坝人夫往渠口挑浚”。乾隆二年（1737），县侯祁公准给执照，由办理渠务会同坝内耆庶“派夫丁百余名抵白石崖口，仍决去上壅，渠水益浩浩焉”。乾隆十三年（1748），天旱水细，“各坝以兴修水利等情请县侯王公士毅详府邑据批兴修水利实与军民有益等语，又文移大马营游府，亦如府移文。于是齐集人夫刻日兴工，继而不果”。乾隆十五年

---

① 道光《山丹县志》卷10《艺文·草头坝移粮记》，成文出版社有限公司1970年版，第475页。

② 道光《山丹县志》卷10《艺文·重修白石崖碑记》，成文出版社有限公司1970年版，第439页。

③ 道光《山丹县志》卷10《艺文·重修白石崖碑记》，成文出版社有限公司1970年版，第439页。

（1750），渠长王咏等将前情复禀县侯曾公，“给信牌联阖坝士庶人夫，率由旧章，再事修浚，而淤塞日周通，细流日洪大矣”[①]。白石崖河口经历了明清两代地方政府的多次修浚疏通，这说明白石崖河口实乃山丹邑民衣食之源，其重要性不言而喻。由于工程量大，加之地处五坝上游源头，不属于五坝承修之范围，在此种情况下，只有政府兴工修浚，才能缓解困厄。从上文可看出，政府既可以直接兴工，也可以发给牌照，委派渠长招工修浚。由是之故，政府不仅具有水资源开发之义务，也具有水利工程兴修之义务。

二 厘定规程，均平水利——国家对民间水资源管理制度的确认

民间灌溉分水制度虽然是一种基于地方社会实际情形形成的非正式制度，但它却无法应对水资源供需矛盾日益凸显的现状。在此种局面下，只有政府出面协调才能暂缓一触即发的社会矛盾。国家要维护自身的利益，就要不断协调各方的利益，结果导致民间规约不断改进和更新，而这一个过程无形强化了国家对水资源分配的确认权。

据镇番县（民勤）乾隆五十八年（1793）《各坝水利碑》记载，镇番灌溉分水量以纳粮多寡为依准，旧额正粮除历年各坝开报的沙压移丘地粮外，实征正粮五千二百六十余石，其中移丘之地如红柳、小新沟等四处，根据承粮数一年止浇清明次日春水十昼夜四时；四坝渠内，首、次四坝、小二坝、更名坝、大二坝、宋寺沟、河东新沟、大路坝根据承粮数共分春水十五昼夜八时；四渠坝内之移丘地如北新沟、红沙梁等处共分秋水三十九昼夜三时；六坝湖浇冬水十昼夜。其中，浇夏水的四渠坝内之各坝自立夏前四日起，至小满第八日止，共分小红牌[②]夏水二十七昼夜，自小满第八日至白露前一日止，大红牌

---

① 道光《山丹县志》卷10《艺文·重修白石崖碑记》，成文出版社有限公司1970年版，第441页。

② 乾隆五十七年镇番、永昌两县知县共同制定了《水利章程》，其中规定：每年渠灌分春水、小红牌水、大红牌水、第四牌水、秋水、冬水六轮。小红牌、大红牌都是指其中浇的一轮水。

三牌，每牌三十五昼夜零五时。这是镇番县灌溉分水的既定成规，各处共分浇春、秋、冬三轮水，并无争端。乾隆五十四年（1789），根据“按粮均水”的原则，地方政府减去了大路坝、大二坝的灌溉水时，导致两坝坝民杨永清等向县府上告，经地方政府核查后重新厘定分水规约：

> 大路、大二坝，离河窎远，风沙较重，前断润河水三时四刻，实有不敷，通盘筹酌，在首四坝润河水内划出三时六刻，小二坝润河水内于前断出水三时四刻外再划出二时二刻，更名坝润河水内划出水□时二刻……共划出水十四时四刻。①

以上可以看出，地方政府于“按粮均水”之中，考虑风沙轻重、水途远近等因素，通过调剂重厘水规以达均平水利、平息争端的目的。但地方政府的这次水资源重新分配不仅没有达到预期目的，反而加深了其他各坝与大路坝、大二坝的矛盾，利益出让者表示不服，双方互控不休。经县府再次详查后，认为“该坝（大路、大二）实系风沙较重，沟淤道元，争控有因，随饬谕各坝水老公同酌议”②。最后，在各方的共同努力下，达成一致意见，③ 在“按粮均水”原则的基础上，对分水旧规稍作改动，形成定案：“本县等仍照前详，于按粮均水之中酌为调剂，宁人之意，所结议详，各坝士民俱皆悦服。详蒙督宪批示：‘如详勒碑，永远遵守浇灌，以息讼端，以垂久远，须至勒石者。’”④

---

① 民勤县水利志编纂委员会：《民勤县水利志》，兰州大学出版社 1994 年版，第 158 页。

② 民勤县水利志编纂委员会：《民勤县水利志》，兰州大学出版社 1994 年版，第 158 页。

③ 据《各坝水利碑》记载，镇番县府对各坝灌溉分水又进行了第二次微调：“小二坝沟坚柳密不致停沙，将存留润河水一时二刻让出，首四坝于冬水润河内再划出六时，红沙梁于秋水润河内让出四时，六坝湖于应分冬水牌内让出六时，共让出水一昼夜九时，添给大路五牌分浇。”民勤县水利志编纂委员会：《民勤县水利志》，兰州大学出版社 1994 年版，第 158 页。

④ 民勤县水利志编纂委员会：《民勤县水利志》，兰州大学出版社 1994 年版，第158 页。

民国九年（1920）《洮沙湾水利碑》记载了镇番、永昌两县争夺洮沙湾耕地以及政府重新厘定灌溉章程、化解纠纷的历史。镇番县属洮沙湾地方，当地户民发现有泉源流出，虽水势微小，尚能灌溉，该地户民随禀请地方政府批准自愿承粮试种，经地方政府准允。在开垦期间，永昌县户民却觊觎争占。在水资源供需矛盾日益突出的情态下，双方“叠次兴讼上控”。经甘凉道尹马，亲履查勘，明确“黑水墩迤北为镇番界，迤南为永昌界”，而洮沙湾确属镇番地界。随即断令：“永民不得争占，镇民自应领照开垦，以实边围，并由道宪发给执照试种。”[1] 为规范新开发土地的用水秩序，镇番士绅恳请县府重厘章程，“嗣经该处绅士面垦，该处系属新开，与永邑户民屡兴讼端，推其原故，良由漫无章程所致。嗣将该处承粮灌水各节厘定规程，勒碑遵行，庶讼端可弥”[2]。后经地方政府和镇番当地士绅的共同商讨，为洮沙湾垦户厘定了灌溉分水章程，并勒石立碑，章程大致分为三部分。

首先是“量水承粮”。因洮沙湾泉源出水量少，规定纳粮“八石八斗二升四合”，所纳之粮作为文庙香火之资。

其次是水例。“屡试洮沙湾泉水一昼一夜只灌三斗粮之地亩，应即定三斗粮为一分，按额粮八石八斗二升四合，划为二十九分有奇。每粮三斗，只灌水一昼一夜，间有二三户合为一分者，当照纳粮多少，焚香计分。每逢一分灌水，余分户民当各闭口岸，不得垂涎分润。无论春夏秋冬，当自上而下灌水，顺次轮流，三十天一周复始”[3]。

最后是渠工。“定每年按春冬各挑挖一次……应照二十九分勒派人夫，若某分缺欠人夫，俟渠工告竣后，即令以财力加重抵偿……每年开办渠工，举经理一人，以督促人夫，并经管账目。经理人应由二

① 民勤县水利志编纂委员会：《民勤县水利志》，兰州大学出版社1994年版，第160页。

② 民勤县水利志编纂委员会：《民勤县水利志》，兰州大学出版社1994年版，第160页。

③ 民勤县水利志编纂委员会：《民勤县水利志》，兰州大学出版社1994年版，第161页。

十九分钟轮流充任……”①

《洮沙湾水利碑》记载了镇番洮沙湾户民在取得开垦权后开发该处地亩的过程，为了规范开发灌溉秩序，在当地士绅和地方政府的共同商讨下，制定了灌溉分水章程，虽然地方士绅也参与了章程的制定，但分水章程最终产生效力必须得到政府的确认，说明政府对水资源的灌溉分配具有确认权。

三　折中调和——政府对用水纠纷的仲裁权

明清以来，随着河西走廊开发的进一步深入，大大小小的用水纠纷层出不穷，社会矛盾一触即发，社会运行时时偏离常轨，民间常规惯例在生态矛盾日益突出的情况下已难以平衡不同群体的利益关系。而此时，国家常常以权威者、仲裁者的身份对民间水利秩序进行干预，以便缓解社会矛盾。地方政府在处理纠纷时通常采取“公允调和及妥协”的原则，正如梁漱溟先生在《中国文化要义》中指出，相互让步、调和折中是中国人解决彼此矛盾的不二法门，“中国人平素一切制度、规则、措置安排总力求平稳妥帖，不落一偏”②。随着水资源生态环境的改变，这种处理纠纷的方法已很难应对复杂的局面。

民国《东乐分县蒋断案碑文》记载了光绪年间山丹坝民与东乐（今民乐县）坝民互控侵占水源地，以及政府如何断案的事件经过。光绪二十七年（1901），山丹县属南滩十庄士民与东乐属六大坝渠民在府县衙门互控，东乐认为山丹入山伐薪破坏了他们的水源灌溉，山丹认为双寿寺山林木属于他们的砍伐范围。经张掖县府询查，双寿寺山地距山丹、东乐两县都较远，既无碍于东乐渠民的水源，也无碍于山丹县的薪柴，遂规定，“除西水关以内（位于双寿寺山一带）林木甚繁自应严禁入山以顾水源，自西水关以外五里留为护山之地不准采薪，尚有十里至双寿寺即准采薪以资烟火。此十五里山场作为三分，

---

① 民勤县水利志编纂委员会：《民勤县水利志》，兰州大学出版社 1994 年版，第 161 页。

② 梁漱溟：《中国文化要义》，上海人民出版社 2011 年版，第 192 页。

以二分地顾烟火，以一分地护水源，打立界碑，永远遵行”[①]。东乐县民力争山场是为了保护水源之地，保护全县灌溉之资，山丹县力争山场是为了获得炊薪之资，可见，双寿寺山场是两县衣食之源，其重要性不言而喻。为了平衡双方的利益关系，地方政府在“以二分地顾烟火，以一分地护水源”的处理原则下，缓和了双方的矛盾，维护了地方社会秩序。

需要注意的是，政府作为权威者来调解、仲裁两方的纠纷，也并非时时都能达到预期的效果，这在明清以来的河西走廊十分普遍。一方面反映了传统社会里水资源管理缺乏刚性的制度环境，另一方面也反映出在社会巨变时期（包括生态环境的改变），政府应对能力的不足。

《白塔河石羊河水案》记载了光绪年间，武威九墩渠民不顾政府断案，屡次于上游截坝堵水的事件。光绪六年（1880），武威县属九墩沟渠民因侵占白塔河水利，筑堵草坝伸入白塔河中，致使镇番（民勤）渠民数千人呼吁凉州府宪，政府断令“将所筑草坝拆毁，其沟口只准一丈五尺，如遇天旱水微，只准在本沟挑深，不得在大河盘沙堵水”[②]。武威地处石羊河上游，白塔河为上流一大支流，上游在此截坝堵水，对下游民勤造成严重危害。明清以来，石羊河水资源供需矛盾加剧，虽经地方政府的公允断案，然武威九墩渠民旋断旋翻，地方政府再次亲诣履勘，“饬令所开沟口仍依府断一丈五尺，排栽木椿，明定界址，将原筑草坝一律铲平”。光绪七年（1881），九墩渠民再次私行拆去界椿，复由石羊河冲水中流挖沟引水，这次政府断令“在沟口及石羊河草岗下头安插柳篓为界，不准九墩民于水口外堵坝挑浚”。光绪八年（1882），九墩渠民“复由草岗柳篓南头新挖引水沟一道引石羊河之水截入九墩沟口”。这次截水激起了镇番渠民反抗，“将九墩民门窗打毁”。面对群体性争水事件，政府却无能为力。政

① 民国《东乐县志》卷1《水利》，《中国地方志集成·甘肃府县志辑》（45），凤凰出版社2008年影印版，第89页。

② 光绪《镇番县志采访稿》卷5《水利》，甘肃省图书馆西北文献部藏复本。

府对于这次事件的处理仍然是一遵旧章，两造调和，不痛不痒："巡究以九墩民不应违案截水，镇民不应滋事生端，同予以责罚，仍归旧案。"[①]

可见，在水资源日益匮乏的石羊河流域，政府显然没有能力应对复杂的社会局面。光绪九年、十年武威九墩民人继续私自拓宽渠口，拆掉岸旁所镶柳篓，以至于大河水势皆注于东。而对于这两次截水事件，政府在处理上依然如故，并没有新的突破：

> 九墩沟水源向由熊爪湖开浚浇灌，不惟于石羊河毫无干涉，即白塔河亦非其所。该处所垦田亩，本道例应详请督宪咨部豁免钱粮作为官荒。姑念该处垦地已久，生聚日繁，不忍遽行驱逐，礼饬凉州府督同武威县、镇番县前往九墩沟查勘变通办理，但不得与镇番稍有妨碍……断令九墩民仍照原案行水并将私口一律填塞，永为定例。[②]

由上可知，九墩渠民本由熊爪湖开渠浇灌，但因人口日繁，熊爪湖水资源远不能满足其灌溉需求，不得不屡次违令截水。面对矛盾双方，政府也无良策应对，只好一仍其故地含糊处理。上述白塔河水案反映了政府在社会控制方面的软弱与不足。

四　龙王信仰——国家对水利社会秩序的间接控制

爱德华·罗斯（Edward Alsworth Ross）指出，信仰对于社会控制具有独特的作用，它能弥补法律和社会舆论在社会控制方面的不足。信仰的前提是必须使人相信报应是必然无误的，而这个相信不是建立在推理或权威基础之上，而是"建立在证实、观察或者经验基础上"。基于此，爱德华·罗斯提出了"信仰控制"这个概念，"不可

---

① 光绪《镇番县志采访稿》卷5《水利》，甘肃省图书馆西北文献部藏复本。

② 光绪《镇番县志采访稿》卷5《水利》，甘肃省图书馆西北文献部藏复本。

证实的确信由于处于人类经验的彼岸，我们把它们称为信仰，通过这种确信的手段来控制人的行为，我们称之为信仰控制”①。信仰控制的本质是相信超自然的制裁，相信有一个超自然的存在，这个无所不见、无所不能的存在时刻监视人的行为，并通过赏善罚恶来干预和控制人类的生活。罗斯认为信仰本是一种仪式和习俗，但当信仰“被纳入了一个有人准备用它来支配另一些人的体系时，人类活动的行政管理就等于是建立在对那种看不见摸不着的存在体之上了”②。信仰无论是作为一种仪式或习俗还是社会管理的手段，其所具有的社会控制功能都是不言而喻的。明清以来，河西走廊普遍存在的龙王信仰恰恰体现了国家借用它来实施社会控制的初衷，也可以说龙王信仰使国家实现了对水利社会的间接控制。

道光《山丹县志》中《建大马营河龙王庙记》记载了大马营龙王庙兴修的缘由和经过，可以看出国家借龙王庙实现社会控制的初衷。山丹县煖泉等坝灌溉水源自大马营以上源泉合脉而来，大马营泉源又源自白石崖口，从白石崖口发流三百余里，“屯戍沾利者奚啻数千余家”。乾隆丁巳夏，山丹下五闸合渠士庶蒙县侯祁公委饬，“兴修白石崖渠水利，道至河口岔山嘴，鸠工庀材，辟地以广福田，立祠（龙王庙）以展报赛，议处就近香火乾地一段……以为将来葺缮之资”③。为什么地方政府要在白石崖河口修建龙王庙？从表面看，白石崖口是山丹水利灌溉发源之处，县侯祁公发动山丹下五闸合渠士庶兴修白石崖水利，意味着打开了下游渠民的衣食之源，龙王为管水之神，水利济民不仅仅是人们开浚疏凿的结果，同时也离不开神明的襄助，正所谓“夫非神明有以参赞乎化育而孰为为之耶”？虽然文中指出神灵护佑百姓，但更多着眼于县侯祁公为民疏渠之功，将二者相提而论，政府借

① ［美］E. A. 罗斯：《社会控制》，秦志勇、毛永政译，华夏出版社1989年版，第97页。

② ［美］E. A. 罗斯：《社会控制》，秦志勇、毛永政译，华夏出版社1989年版，第107页。

③ 道光《山丹县志》卷10《艺文》，成文出版社有限公司1970年版，第443页。

龙神彰显自身的功劳和威信，一方面将国家权力进一步加强，另一方面也间接实现了对水利社会秩序的规范。大马营龙王庙兴建于乾隆丁巳夏时期，至乾隆庚午岁五月，物换星移，龙王庙已凋残破败，“临河一带磨户并附近居民乘间而侵水者某某，侵地者某某，而今而后倘无有过而问焉者，上下三千二百余石官粮之渠口尽为渔人逐利之场”[①]。随着时间的推移，官粮渠水、渠地成为渠户渔利之场。为了恢复社会秩序，乾隆庚午岁五月，县侯曾公委饬重修白石崖水利，并召集山丹下五闸渠户士庶“齐集岔河河嘴龙神庙，询究香火田地着落，并历年佃户租粮输诚，如数备出以祝神庥，以隆祀典”[②]。地方政府在龙神庙清查香火田地着落并佃户的租粮数额，其目的不仅是要继续维持龙王庙的香火，更是要维系国家对水利社会的控制。

高台县镇夷堡龙王信仰体现了渠民借助龙王信仰和国家权威实现社会控制的意图。高台镇夷堡地居黑河以北下流，上游张掖，“每岁二月，弱水冷消，至立夏时，田苗始灌头水，头水毕，上游之水被张抚高各渠拦河阻坝，河水立时涸竭，直待五六月大雨时，行山水涨发始能见水，水不畅旺，上河竭泽，此地田禾大半土枯而苗槁”[③]。在上下游水资源供需矛盾突出的情况下，镇夷生员阎公将此情控诉陕甘总督年羹尧，渥蒙定案，“以芒种前十日委安肃道宪亲赴张抚高各渠封闭渠口十日，俾河水下流，浇灌镇夷五堡及毛目二屯田苗，十日之内不遵定章擅犯水规渠分，每一时罚制钱二百串文，各县不得干预”[④]。清代以来，黑河上下游的用水矛盾在整个河西走廊是较为突出的，如果不是陕甘总督年羹尧出面定夺，上下游的用水矛盾很难缓解。为了纪念和维护分水定案，每届分水时期，“吾堡整备牲牢，致祭龙王、阎公附祠，以报胙飨而重明禋，期于均水长

① 道光《山丹县志》卷10《艺文》，成文出版社有限公司1970年版，第443页。

② 道光《山丹县志》卷10《艺文》，成文出版社有限公司1970年版，第443页。

③ 民国《高台县志》卷8《艺文》，《中国地方志集成·甘肃府县志辑》（47），凤凰出版社2008年影印版，第314页。

④ 民国《高台县志》卷8《艺文》，《中国地方志集成·甘肃府县志辑》（47），凤凰出版社2008年影印版，第314页。

流，为吾民莫大之利”①。可以看出，镇夷渠民将阎公祠作为附祠同龙王一同祭奉，至少体现了三个意图，一是将黑河分水定案的权威性上升到与龙神等同的地位；二是黑河分水定案关系下游镇夷五堡渠民的衣食生计，祭祀龙王和阎公意味着要永久维护这个国家权力干预下产生的均水定案；三是通过这种仪式，对上游渠民产生警示和威慑作用。正因为如此，镇夷龙王庙一直受到当地社会的重视和推崇。同治年间因战乱匪祸，龙王庙遭到损害，因民力维艰难以修葺，直到光绪初年地方政府才得以筹资恢复建设，对于建设初衷，史料有载：

> 回忆均水未定时，正值用水而上流遏闭，十岁九荒，民居凋蔽，苦难笔罄。今则水又定规，万家资济，胥赖存活。谁之力欤？有登龙王庙而瞻阎公祠者，当思神恩浩荡，神贶人为与大禹疏凿之功同一罔极，输将贡赋之忱有不油然而兴耶？尤望水规不乱，祠宇常新，踵事者增华……②

小 结

明清以来，河西走廊水资源供需矛盾日益突出，引发了社会各种矛盾，危害社会秩序。在河西走廊，水资源社会控制的手段和途径很多，最终都归结到国家和民间社会这两个相互作用、相辅相成的层面中。

在水资源非正式控制体系中，民间规约、章程是引导社会控制的核心要素，具有较强的稳定性，即所谓的“率由旧章”。这种稳定性有利于固化民众对水约规章权威性的认可，并由此促进社会秩序的平

① 民国《高台县志》卷8《艺文》，《中国地方志集成·甘肃府县志辑》（47），凤凰出版社2008年影印版，第314页。

② 民国《高台县志》卷8《艺文》，《中国地方志集成·甘肃府县志辑》（47），凤凰出版社2008年影印版，第315页。

稳发展。另外，民间规约迎合当地的实际情况，兼顾了各方利益，可操作性较强，深得民众的认同，其执行效力也强。管水人员来自民众中素孚众望者，他们的声望和威信有利于调节和化解纠纷，平息和缓矛盾，因此是加强社会控制的重要因素。

虽然民间非正式体系发挥着很大的作用，但是在水资源供需矛盾逐渐激化的河西走廊，民间非控制体系却日益“力不从心”。为了稳定社会秩序，保证粮草赋税的完纳，国家通过种种方式强化了对社会的控制以弥补民间非正式控制体系的不足。首先表现为对民间非正式控制体系的认同和维护；其次以权威者身份充当各方纠纷的仲裁者；三是修缮龙王庙，认可民间的龙王信仰，借助龙王来维持水利社会的秩序。

总之，在国家和社会的双重作用下，明清以来，河西走廊水利社会秩序的波动基本保持在了一个可承受的范围内，在“乱—治—乱—治”的循环轨迹中维系着自身的运行。

第六章　民国以来河西走廊用水矛盾与社会控制的演变

第一节　国家干预力量的逐步加大

民国以来，河西走廊水资源供需矛盾的问题愈发突出，用水矛盾较明清时代有过之而无不及。基层社会在水资源管理方面依旧延续过去的做法，但却无法缓解用水矛盾引发的社会危机。国家通过水利建设加大了对水资源的干预和管理，并着手计划通过一系列资源整合来扭转水资源供需矛盾的局面。

一　民国时期河西走廊水利建设的兴起

民国以来，河西走廊的战略地位受到政府的高度重视，开发河西成为一项重要的国策，在这一过程中，河西走廊的水利事业出现了划时代的改变。1932 年上海“一·二八”事件爆发后，国民党中央即宣布迁都洛阳，在国民党四届二中全会上，讨论并通过了《提议以洛阳为行都以长安为西京案》，这意味着中日之间一旦战争爆发，国民政府即会向内地和西北发展。1932 年 5 月成立了西京筹备委员会，1933 年 10 月又设立了全国经济委员会西北办事处，这标志着国民党中央已经将西北的各项建设纳入国家建设中。自此，“建设西北”“开发西北”的呼声日益高涨，有关开发西北的各种提案也不断提出并通过，[1] 各种研

[1] 这些提案有《开发西北案》《促进西北教育案》《西北国防经济建设案》《拟请组织健全机关集中人力物力积极开发西北以裕民生固国本案》等。参见唐润明主编《抗战时期大后方经济开发文献资料选编》，重庆出版社 2012 年版，第 5 页。

究西北的学术团体纷纷成立，有关开发西北的各种建议、言论等见诸报纸杂志中，前往西北进行考察和研究的个人和团体逐渐增多。这一时期交通、水利和农、畜牧业的发展也十分显著，1937 年初修建了西安至兰州全长约 750 公里的公路，并延长了陇海铁路。水利方面，在全国经济委员会下成立了泾洛工程局，专门办理泾惠和洛惠两大水利工程。畜牧业方面，在青海和甘肃设立了西北畜牧改良及分场。与此同时，国民政府又将关注重点放在了西南地区，1938—1941 年是西南经济开发的高峰时期。1942 年起，因受有关政策和战事的影响，国民党对西南地区的经济开发显得后劲不足，在中日战争不断升级和僵持不下的背景下，国民政府第二次掀起了开发西北的热潮。1942 年 8 月，蒋介石在《开发西北方针》一文中指出，要用十年甚至更长的时间有计划、有决心地将西北建设为“千年万世永固不拔的基础”[①]。国民党五届十中全会通过了《积极建设西北以增强抗战力量奠定建国基础案》，在这个提案中对于如何建设西北提出了具体的办法，“建设西北必须要有整个计划、合理健全之组织，集中人才，宽筹经费，对西北的交通、植林、水利……因其人力、物力分别缓急，拟定方案”[②]。这表明国民政府将整合各类资源对西北进行有计划、有步骤地开发。国民政府第二次开发主要着眼于西北边疆，在西北边疆中又以河西走廊为开发中心，“政府初步规定开发西北的中心地区，即甘肃的河西和敦煌一带”[③]。河西地区的开发以水利建设与交通建设为重点，各级政府在河西地区展开了一系列开发实践活动。

（一）展开调查研究，强调开发河西的重要性

孙友农曾指出：“甘肃处中国之中心，欲应付未来中华民族之大

---

① 唐润明主编：《抗战时期大后方经济开发文献资料选编》，重庆出版社 2012 年版，第 9 页。

② 唐润明主编：《抗战时期大后方经济开发文献资料选编》，重庆出版社 2012 年版，第 10 页。

③ 《为什么我们要开发西北——张部长道潘广播讲演》，《中央日报扫荡报联合版》1943 年 2 月 17 日，载甘肃水利林牧公司编：《西北言论之部》，甘肃省图书馆西北文献室藏。

难，应讲求甘肃之建设；欲建设甘肃，而其河西之十六县，应先着手。”[①] 在边疆与民族危机下，陈正祥指出，“欲救蒙古，必先保护西疆，开发西疆，必先重建河西”[②]。这就是说，河西走廊是西北开发的重要地区。1942 年春，江戎疆指出，河西走廊，水利为第一要务，其他都是枝节问题，只有水利才是河西的中心问题。

对于如何建设河西之水利，来河西考察的学者们进行了积极的讨论。陈赓雅认为应从救济农村起见，救济农村必速开河渠，广畅水源，如高台、安西、敦煌等地，掘地三尺即可见到泉源，掘井灌田，为例甚便。一些学者建议在酒泉、金塔间的山口修建水库，通过采取地下蓄水、凿井、整理旧渠等途径来开发河西水利。[③] 江戎疆则认为，整治河道、修建蓄水池、水坝等皆是治标之策，解决河西走廊的争水问题，最好的方法是“栽植森林”，国家应从法律、行政、技术、经济等方面予以协助。黄万里经过考察，建议在祁连山山峡、山麓、中部荒区以及下游灌溉区四个地方分别采取修建蓄水库、整理旧渠、截引地下水、打井等方法。[④] 1943 年 1 月，李烛臣乘飞机途经河西上空，看到发达的河西水网时，指出：“欲明了整个河西走廊河流及可耕地面积的情形，应由飞机测量，绘成图纸，则何处之河宜疏，何处之地可垦，始可一目了然，以收事半功倍之效。”[⑤] 1935 年 11 月，国民党第五次全国代表大会三次会议通过了甘肃党务整理委员会的提案，其中包括黑河等河渠的水利整治，由中央会同地方政府集资开凿。西北建设考察团主张在河西走廊成立专门的水利机构，实施水资源的统一管理。对于祁连山冰川是否枯竭问题，吕炯认为祁连山的水源为“万年雪”，“经过数千年甚至一两万年的

---

① 孙友农：《甘肃河西酒泉金塔农村之经济》，载《乡村建设》1936 年第 1 期。

② 陈正祥：《河西走廊》，《地理学部丛刊第四号》，1943 年，甘肃者图书馆四北文献部藏，第 23 页。

③ 黄河水利委员会编：《西北水利问题提要》，1942 年 7 月，甘肃省图书馆西北文献部藏。

④ 黄万里：《河西水利治理要旨》，载《新甘肃》1947 年第 1 期。

⑤ 李烛臣：《西北历程程》，甘肃人民出版社 2003 年版，第 107 页。

消耗已经成强弩之末”。任职于河西水利工程总队的工程师方宗岱持相反的意见，对于河西走廊的开发建设，他认为“河西的水量不但可以维持现状，并足以扩充新垦土地”①。1945 年 6 月，跟随中央地质调查团前往西北调查的王日伦指出，祁连山冰川枯竭的论点“毫无根据”，并指出河西走廊水利开发最为重要。从以上这些言论可以看出，在政府开发建设河西走廊的高潮下，河西水利问题受到了更多学者、官员的重视与研究探讨。

（二）水利开发的制度化实践

随着河西走廊水利开发呼声的高涨，水利开发制度化实践也日益展开。时任甘肃省建设厅厅长的张心一十分重视农田水利建设，将全省农田水利分为大型和小型两种，凡是工程难度大、受益田亩多的工程为大型水利工程，由省政府委托甘肃水利林牧公司代办。凡工程较易、受益田亩少的为小型水利工程，由农民以合作社或农会的名义向银行借款，自行筹办。20 世纪 40 年代河西走廊的大型水利建设，基本上都是由甘肃省建设厅和甘肃水利林牧公司办理的。

甘肃水利林牧公司成立以前，甘肃省的大型水利工程由甘肃省建设厅办理。甘肃省建设厅负责时期，成立了水利工务所和水利工程处。在需要兴修渠坝的地区建立了水利工务所或者水利工程处，同时颁行了《甘肃省政府建设厅水利工务所/水利工程处组织规程》，工务所或工程处的名称为某某渠或某某工程，并设置相应的人员。主任工程司、正工程司兼主任工程司以及工程司由甘肃省建设厅遴选，省政府任命。副工程司、帮工程司由建设厅厅长委派，其余人员由各处、所主任遴选，并交由建设厅备案。② 每处/所设立工程、事务及会计三个股，其中工程股负责工程测绘、工程报表、施工、工程预算决算等事务；事务股负责现金出纳保管、购备及保管材料工具、征用土

① 方宗岱：《对于“西北水利探源”之总见》，甘肃省图书馆西北文献部藏。

② 《甘肃省政府建设厅水利工程/水利工务所组织规程》，1936 年，甘肃省档案馆，档案号：4－2－81。

地、文案撰拟、招募工人、征募民工以及人事登记管理等事务；会计股主要是编制预算决算册等。[①] 水利工程施工，通常采取包工法，并制定了《甘肃省政府建设厅水利工程包工规则》，一万元以下的工程采取估价法，较大的工程采取招投标的方式。承包单位需要填写详细单据，经鉴核后签署承揽书，内容包括工时、标准、验收等。[②] 对于施工建材，需详细填列单据，呈建设厅核办，千元以上的材料应等核准后才能购买，千元以下材料可以先买后报。材料购买方法有投标及比价等方法。[③] 对于民工征雇办法，甘肃省政府通过了《甘肃省政府兴办水利征雇民夫暂行办法》，要求各工程处或公务所将征雇人员数量、工作地点、分配情况定期报送省政府，各县按期限征雇，并将办理情形于每月底报送工程处，再由工程处（公务所）汇报省政府。各县政府与工程处（公务所）共同商讨分配民夫的地点以及工价问题。必要时由县政府组织成立征雇民夫委员会，委员会设主任委员1人，副主任委员1人，委员若干人，主任委员由县长兼任，副主任委员及委员由县长择当地公正士绅担当。征雇民夫、督工员、组长等的工资及发放时间由工程处（公务所）会同县长、征雇民夫委员会共同制定。施工工具除大型工具外，一般由民夫自带。[④] 甘肃省建设厅还成立了水利查勘队，1941年5月通过了《水利查勘队暂行组织规程》，其工作职责是详细查勘全省灌溉、排水、防洪、航道、发电等水利工程，水利查勘队直属于建设厅，设总队长1人，主任工程司（正工程司）、工程司、副工程司、帮工程司、工程员等若干人。水利勘察队下设分队。主任工程司（正工程司）由建设厅遴选，由省

① 《甘肃省政府建设厅工程处/工务所办事细则》，1936年，甘肃省档案馆，档案号：4-2-81。

② 《甘肃省政府建设厅水利工程包工规则》，1936年，甘肃省档案馆，档案号：4-2-81。

③ 《甘肃政府建设厅水利工程处/水利工务所采办及调拨工程材料办法》，1936年，甘肃省案馆，档案号：4-2-82。

④ 《甘肃省政府兴办水利征雇民夫暂行办法》，1941年，甘肃省档案馆，档案号：4-2-81。

政府任命，工程司、副工程司由水利勘察队队长遴选，报送建设厅并转省政府委派。[①]

另外，在河西走廊各地还聘任当地水利专员，水利专员隶属建设厅，由当地素孚名望的士绅担任，薪金由省政府支付。根据省政府通过的《修正甘肃省政府建设厅水利专员服务规程》，水利专员的任务是视察水利工程的开展状况，仲裁水事纠纷，协助工程处（公务所）主任办理材料征购、民夫征雇，并向省政府提出交办地方水利兴革意见。

政府还鼓励民间兴办水利，1941 年 10 月，甘肃省政府颁布《甘肃省政府奖励人民自动兴办水利暂行办法》，对于做出成绩者给予匾额及嘉奖。[②] 除此之外，建设厅还出台了《甘肃省政府建设厅工程处/工务所办事细则》《甘肃省政府建设厅渠道建筑物施工细则》《甘肃省政府建设厅水利工程处/水利工务所职员服务规则》《甘肃省政府建设厅水利工程处/水利工务所处理工料暂行办法》等文件。20 世纪 40 年代，政府出台的这些文件和规定有力展示了民国时期水利建设制度化的进程。

（三）水利工程的兴建与推进

河西走廊的旧渠工程简陋，缺点很多，渠道效能低下。如一般的引水系统，都是在河中垒石为堰，将水位抬高，引水入渠，由没有节制设备，进水量不稳定，水大时则冲毁渠口堰身，水小又不敷灌溉。挟沙停积的现象十分普遍，以至于渠道常常淤塞。渠道的分布也没有一定的规程，十分散漫，在同一灌区内，渠道纵横交错，深浅广狭没有标准，上蒸下漏、浪费十分巨大。沿山高凿的渠道经常携带泥沙奔腾而下，时常毁坏渠工。河西走廊灌区人民只知灌溉，不知排水，致使土地碱化不能生产。民国三十一年（1942），蒋介石视察西北，决定开发河西，以十年为期，由国库岁拨专款一千万元。民国三十二年

① 《水利勘察队暂行组织规程》，1941 年，甘肃省档案馆，档案号：4－2－82。

② 《甘肃省政府奖励人民自动兴办水利暂行办法》，1941 年，甘肃省档案馆，档案号：4－2－82。

开始兴办，这是国家有计划开发河西水利事业的开始。经甘肃水利林牧公司拟具了河西农田水利计划纲要，以扩充灌溉面积为目标，同时旧渠改造、水文、气象、勘测等基本工作亦陆续统筹进行。其中水利农田的开发原则有三：一是先开发人口集中区域，以避免招工、备料以及竣工后招垦的困难；二是先实施简易及需时较短的工程；三是先筹备荒地较多、位置重要的工程。实施计划分为二期，第一期定为四年（自民国三十二年—民国三十五年），主要是整理旧渠，兼顾筹备开辟新渠（参见旧渠整理之办法，见表6－1）。第二期定为六年，主要兴建新渠工程。[①] 民国三十二年的实施计划是设立武威、张掖、酒泉、安西四个工作站，从事渠道的临时整理，计划完成整理旧渠四十四道，工程八十六处。同年，中央设计局考察团来甘，该团建议开发河西水利拟分为十二年，第一期为二年，着重养护旧渠，第二期十年主要是开辟新渠增加灌溉面积。与此同时，查勘、测量、测候及水文等基本工作应充分展开。民国三十三年（1944）五月，国民党五届十二中全会议决《确认开发河西水利为国家事业，所需经费岁有国库指拨，尽十二年内加速经营完成》，拟定自民国三十四年起设河西工程总队负责实施。[②] 在国家统筹资源，全力开发河西的情形下，其水利事业取得了一定的成效并在一定程度上缓解了水资源供需矛盾。

表6－1　　**国民政府计划整理河西走廊旧渠一览表**

县份	渠道	最近状况	整理办法
永登	庄浪河渠（分八渠）	灌区常患水源不足，而可以开发水田范围尚甚广	一面整理旧渠，一面蓄水开源以广充灌溉面积
古浪	古浪渠、土门渠、大靖渠	小部分引用泉水，大部分以山水为源。土门渠二坝东西两沟及古浪渠三四坝，均以距离河源较远，常苦水量不足，渠道本身亦多须修理之处	1. 调节水量 2. 整理渠身

① 行政院新闻局编：《河西水利》，1947年，甘肃省图书馆西北文献部藏。
② 行政院新闻局编：《河西水利》，1947年，甘肃省图书馆西北文献部藏。

续表

县份	渠道	最近状况	整理办法
武威	西营河各渠	除前三坝、洞子渠外，其他各渠均岸坡不整，渠底过宽，水流分歧，损失过大。永渠三、四坝及怀渠五、六坝均经过太平滩，此滩平均宽三公里，长百余里，夏日水小时，入滩即不见	1. 整理渠身 2. 建分水闸 3. 建渠道建筑物
武威	金渠河各渠	情形尚不及西营河，损失过大。分水处并无闸口，输水堵坝时，仅用石块堵塞，他渠入口，漏水甚多，不能利用，皆消耗于渠道内	1. 整理渠身 2. 建分水闸 3. 建渠道建筑物
武威	杂木河各渠	渠水损失过多，与金河渠同	1. 整理渠身 2. 建分水闸 3. 建渠道建筑物
民勤	大河、柳林湖、蔡旗堡各渠	民勤各渠水源均赖武威余水，水量不足，每年六月间，常不覆用。渠身多沙患，旋挑旋覆，水多阻滞	武威渠道整理之后，自有余水下流。民勤本县渠道亦须整理，并拟设法利用地下水
永昌	涧转渠、大河渠	涧转渠源出雪山，炭山堡、柔远驿一带水常不足。大河渠源出鸾鸟山之平羌脑儿都山口，水泉堡、三秀堡一带水常不足。金川河东西大河之堤坝须修整	整理渠身并谋蓄水，以调剂水之不足。泉源及沟道淤塞者择要浚之
山丹	东沟渠、西沟渠	东沟渠之黄泥坝及西沟渠之沙卤坝被山洪冲断，形成两丈余之深沟	1. 修复两坝 2. 整理全部渠道
民乐	洪水河大小都麻等十三渠	渠身不整，沟道紊乱，须改善之处甚多	整理渠身 添建筑物
张掖	马子渠	该渠上段有洞长十里，洞身为沙砾，已塌一段，长约十丈，亟须修理。完成后，受益者达两万亩以上	1. 修理渠洞，或改挖明渠 2. 添建筑物
张掖	洞子渠	本渠亦有洞，长四百余公尺，情形与马子渠同，亦常坍塌。洞中更有石洞三处，断面太小，限制水量	除照马子渠整理外，并修进水闸
张掖	大满渠	上号石信闸渡槽冲毁，其小四号第八渠处应做渡槽一处，在中下段应建涵洞五处。旱顺渠左卫闸应建渡槽一处	添修渠道建筑物

续表

县份	渠道	最近状况	整理办法
张掖	盈科渠	其四二渠第三闸门冲毁，七闸渡槽亦坏。其大古浪渠第三号闸坏两处。荒地三千余亩	修理渠道建筑物
张掖	大官渠、沤波渠、龙首渠、西洞渠	大官渠之加官渠及下沤波渠受山洪或沟水之冲刷，致渠身有数段冲毁。陇首西洞两渠渠口或须提高	1. 加官渠修渡槽处 2. 整理下沤波渠身 3. 提高龙首西洞两渠口，并整理龙首渠洞，修进水闸
临泽	抚彝、昔喇下坝、通济等二十余渠	各渠多被沙淤，渠坝不衔接，余水漫沙滩湖泊之中	1. 整理渠道系统 2. 整理各渠渠身
高台	丰稔、站家、三清等渠	本县水源来自临泽，上游灌溉甚多，致常缺水。渠身有被山洪冲毁之处，经过山沟险地之渡槽尤其多，须修理	1. 浚泉增加水量 2. 添修建筑物 3. 整理渠身
鼎新	双树屯渠、万年渠	渠道多患沙淤，一部分水源来自高台，另一部分仰赖山水，常患不足	1. 整理渠身 2. 广植沙柳 3. 谋水量之调剂
酒泉	讨来河、洪水河、马营河、丰乐川各渠	各渠通病为：1. 渠道分歧，渠身过宽，且多沙砾，损失水量过多。2. 山水及雪量减少。3. 渠口工程简陋，易致冲毁	1. 修理渠口，建节制工程 2. 整理渠身
金塔	王子庄六坝及金塔渠西坝	情形与酒泉各渠同。金塔之水利来自酒泉，故感缺之。渠道多有冲毁之处，亟须修理	建分水闸 整理渠道
安西	疏勒河各渠	各渠渠身过宽，尤多沙淤，浚渠工程多不完固	整理渠身
敦煌	党河十渠	渠道多经沙土且过宽，渗漏太多，导致流量不敷。党河峡口至上永丰渠间一段纯系剥用天然河道，输水损失最为严重	整理渠道系统，并建进水、分水各闸
玉门	县城附近各渠	渠病与安、敦两县各渠同	整理渠身，减少渗漏

资料来源：《甘肃省开发河西农田水利第一期案实施计划》部分资料整理，甘肃省图书馆西北文献部藏。

（四）政府依旧对民间水利纠纷采取有限干预

民国以来，政府对民间水事纠纷加大了处置力度，但依旧是一种有限度的管理。举例说明，临泽县三工堡迤北与高台县柔远渠毗邻。因柔远渠身宽岸高，三工堡地势低洼，每至夏令时节，河水暴涨，各渠余水溢注于三工堡一带，无由排泄，致使良田多成泽国。三工堡渠民濮鸿泽等屡次上控，因与高台柔远渠民意见不合而始终没有结果。民国十五年（1926），经甘凉、安肃两道调查，拟采取“铁管钻洞办法以消水患而解纠纷”，此办法经甘肃省主席提交省务会议议决通过，省政府随即派员前往会同高台、临泽两县长办理此案。在高台县，渠民出具“铁管钻洞同意甘结”，并随省、县官员来到临泽县，和当地官员、渠民商量修洞办法。最后由省政府派出的官员“拟具双方应行永远遵守条文六条”，条文逐一提议“均经双方公民代表妥慎参商，画押通过，并照录两份分存高抚两县县署备案……呈报省政府备案”[1]。条文如下。

1. 铁管钻洞定名为固远钻洞。

2. 该钻洞兴筑暨修理所用之工料得由抚彝县濮家庄地户自备之。

3. 该钻洞发生破坏或有漏水情事高台柔远渠民得承认抚彝濮家庄民修理惟不得有碍柔远渠水利通行。

4. 查修洞地段柔远渠原宽连渠岸外底三丈五尺，原深由渠岸起二尺八寸，兹为防范后患起见，规定宽四尺深三尺五寸为准，渠岸渠底设石为记，以后不得宽辟深挖，致隘水利。

5. 该钻洞铁管规定长五丈五尺，径口八寸，外以木镶下，于距柔远渠底深四尺处为准。

6. 钻洞修起后，在濮家桥附近设石碑刊叙修洞之经过暨修款以及双方代表得姓名，以志永久。[2]

---

① 民国《临泽县志》卷2《水利志》，成文出版社有限公司1976年版，第180页。

② 民国《临泽县志》卷2《水利志》，成文出版社有限公司1976年版，第182页。

从以上这个案件可以看出，民国时期，各级政府重视民间水利纠纷的处理，但从本质上看依然是明清时期政府对民间社会干预的延续，也就是说政府依旧扮演仲裁者的角色，对民间事务采取有限管理。如上述案件，政府只负责规定由谁承修和维护铁管钻洞，铁管钻洞的口径和长度，高台柔远渠的宽深等，很明显政府只扮演仲裁者角色，让双方用水尽可能公平，但并不亲自处理。

二 国民政府时期河西水利建设取得的成绩

（一）整理旧渠，兴建水利工程

民国三十四年（1945），共整理旧渠十一处，合面积140980市亩。民国三十五年（1946），因限于预算，大部分是继续上年未完成工程。施工的新渠有二处，一是永登县的登丰渠，水源引用大通河，灌溉永乐、中和二村，面积合六千亩。全部工程包括渠道七公里，进水闸一座，木渡槽一座，渠水涵洞二座，隧洞二座。[①] 另一处是鸳鸯池水库工程，这是为救济金塔县旱荒，解决金塔、酒泉争水而兴建的水利工程。鸳鸯池水库蓄酒泉县讨来河冬夏两季之剩水，以救济其北邻金塔县之荒旱。蓄水量为一千二百万立方公尺，收益田亩约十万市亩，[②] 为民国以来甘肃省较大型水利工程，也是河西水利工程中唯一的大型工程。该蓄水库工程于民国三十一年九月测量，民国三十二年六月至民国三十六年五月完工。工程分为五部分，[③] 其经费来源除河西水利专项经费移用一部分外，其余为农贷兴办。

（二）组织水利勘察队，设置水利工作站

1941年甘肃水利林牧公司成立，公司以办理农田水利为主要业务，1948年公司改组为甘肃林牧实业有限公司，水利事务划归甘肃省水利局，水利林牧公司为甘肃特别是河西地区的水利建设做出了卓

---

① 行政院新闻局编：《河西水利》，1947年，甘肃省图书馆西北文献部藏。

② 行政院新闻局编：《河西水利》，1947年，甘肃省图书馆西北文献部藏。

③ 五部分别是：土坝、导水墙、溢洪道、给水涵洞、进水闸及管制室，参见行政院新闻局编《河西水利》，1947年，甘肃省图书馆西北文献部藏。

越贡献。1941 年 8 月 1 日，水利林牧公司奉省政府指令接管建设厅所属水利查勘队业务，1941 年 9 月，来甘工作的经济部第十水利设计测量队也划归水利林牧公司接管。水利林牧公司任命周礼任水利查勘总队队长，下辖三个分队。水利勘察队与经济部资源委员会以及黄河水利委员会合作，分别对全省 11 个区域进行水利勘测。1942 年 9 月至 1943 年 2 月，水利林牧公司组织第三分队查勘河西走廊的红水河、北大河、黑河、疏勒河等流域，在武威、民勤、古浪三个县查勘完毕后，正值河西十年开发计划出台，随即将水利勘察任务交由酒泉、张掖、武威、敦煌四个工作站办理。[①] 1943 年初开始，水利林牧公司在河西走廊陆续设立了四个工作站，分别负责辖区内旧渠整理以及查勘工作，工作站下设查勘队、测量队、水文站及测候站。水利工作站整理旧渠工作成绩突出，1944 年底，酒泉工作总站于酒泉县整理旧渠 15 处，金塔县 1 处；武威工作总站于武威县整理旧渠 6 处，民勤县 1 处；张掖工作总站于张掖县整理旧渠 15 处，高台县 2 处，临泽县 2 处；安西工作总站于玉门整理旧渠 1 处，安西县 1 处。[②] 此外，水利林牧公司还在河西各处设立水文站，水文站负责观测当地的水位、流速、流量、气温、雨雪量、蒸发量、气压、风向及含沙量等数据。水文站由所在地水利工作站管理，1946 年移交省政府继续办理。[③] 水文站提供的大量水文资料，为河西水利开发发挥了积极作用，同时也为今天研究河西走廊水文气候留下了宝贵的研究资料。

（三）编写工程计划书

1945 年 7 月 1 日，南京行政院水利委员会委托水利林牧公司代办水利部河西水利工程总队，次年 2 月，水利林牧公司实行改组，改组后的名称为甘肃林牧实业有限公司，业务从水利转向畜牧和农林，甘

---

① 甘肃省水利林牧公司主编：《甘肃省水利林牧公司成立两年概况》，甘肃省图书馆西北文献部藏。

② 《甘肃水利林牧公司业务统计汇编》，1944 年 11 月 15 日，甘肃省图书馆西北文献部藏。

③ 甘肃省建设厅编：《甘肃省经济建设纪要（二十九年十二月至三十五年十二月）·水利林牧公司》第 59 号，甘肃省图书馆西北文献室藏。

肃农田水利由水利部河西水利工程总队全面接管。自总队成立后，即投入河西水利开发建设中，其业务主要以水利勘测、规划设计以及工程计划书编写为主，完成了对河西走廊各流域的勘测规划，并编写了一批工程计划书。另外，总队也以自身的专业技术积极参与河西各地的水利工程建设。通过两年多时间，总队及各分队对河西走廊各个流域的水利状况进行了详细的调查，在此基础上陆续完成了对各流域、各灌区的水利规划，编制了71册工程计划书，包括61册水利工程计划书、9册河流规划书以及1册水利总规划书，这些工程计划书“以每个流域为对象，务使所用工程方法切合当地情况，并统筹兼顾上下游，避免互不为谋，利此害彼之弊”①。1948年4月5日，总队派第三分队副工程师吴尚贤前往山丹县草四坝，对当地镶闸工程给予技术指导。② 总队的专业性和技术性受到人们的认可和赞许，热心本地水利建设的省参议会及各地方参议会议员向省政府提交的提案中，经常提议由总队为当地水利建设提供技术指导。1948年7月，甘肃省参议会第六次会议上，王家彦等议员连续上呈三个提案，均要求总队对张掖境内的黑河各渠渠口进行查勘检修。③ 酒泉水利工程区夹边沟水库的闸门欠固，1949年4月，酒泉水利工程区用砖改砌使闸门得以修复。1949年5月1日，夹边沟水库正式蓄水时，七区批复酒泉县政府希望该县县长撰文报道此事。④

以上这些事实表明，到了国民政府时期，伴随着开发西北呼声的高涨，河西走廊的水利建设逐步走上国家化、制度化的进程。国家通过资源整合的途径，加大了对河西走廊水资源的控制，这对一定程度

---

① 甘肃河西水利工程处：《甘肃河西水利工程处总规划书》，1947年，甘肃省档案馆，档案号：38－1－8。

② 水利部河西水利工程总队：《为派副工程师吴尚贤前往协助草四坝镶闸工程请查照的代电》，1948年，甘肃省档案馆，档案号：15－1－416。

③ 甘肃省政府：《函复办理王家彦等参议员建议修正黑河张掖小五号水渠及引大通河等水一案情形的公函》，1948年，甘肃省档案馆，档案号：14－2－108。

④ 金塔县政府：《酒泉县政府关于夹边沟水库已正式蓄水给第七区专员的呈文》，1949年5月，酒泉市档案馆，档案号：1－3－683。

缓解日益突出水资源供需矛盾无疑产生了积极意义。

第二节　用水矛盾与国家无法应对的困局

——以黑河上下游各县用水关系处理为例

河西走廊水资源总量并不少，灌溉用水短缺主要是落后的水利条件导致大量浪费以及不合理的生产生活方式对水资源环境的破坏。民国时期，政府虽然加大了对河西水利的开发建设，但在基层社会的实践进程过于缓慢，水资源供需矛盾的状况依旧无法得到有效改善，原来的用水规则已难以规范各方利益关系，社会秩序处于濒临失控的状态。

明清时期，民众对政府的期待值并不高。国家对基层社会采取有限的干预，民间水利工程的兴修、水利章程的制定都属于基层自治的领域。在社会权力结构中，皇权被认为是至高无上的权威。在水利社会失范之际，通常会借助皇权这一权威符号恢复既有的秩序，以确保各方之利益。以皇权为代表的国家一方面认同并强化既有的社会规则，另一方面以最高权威者的身份来仲裁各方的利益关系。国家的这种治理模式，就是不断确保和巩固既有的社会秩序，因此尽管用水矛盾层出不穷，但是大体维持在一个较为稳定的范围内。

到了民国时期，特别是国民政府时期，国家对社会的控制和干预有所加强，这无形中拉近了国家与社会的距离，民众对国家的期待值变高。但由于国家对河西走廊的水利建设还处于起步阶段，大多数的研究、设计、规划等还没有进入真正的实施阶段，资源整合能力还较弱，在处理各方利益关系时，显得无章可循，甚至继续依靠明清时期的旧规陈章来维持社会秩序，在控制社会方面，国家往往显得力不从心。

用水双方一旦发生纠纷，通常采取向县府呈文或请愿的方式来要求政府处理，由于国家建设尚不完善，地方政府缺乏相应的部门来应对，往往是县府会同水利工程部门及各渠代表会商讨论，再向省主管水利的部门（建设厅）或省政府汇报处理意见以求批示。这种处理方式往往停留在纸上，缺乏实质性的举措来保证处理意见的实施，因此不能有效处理用水纠纷。往往纠纷经常是经年不能得到有效的处理。这就使民国时期政府的权威性反而不如明清时期，政府不得不经常出动军警以维持秩序。以黑河上下游各县利益关系处理为例，做具体分析。

一　高台县与临泽县的用水纠纷及处理

临泽县位于黑河上游，1949 年，临泽县小鲁渠上告高台县丰稔渠，要求其修复高凳槽以恢复水利。临泽县属小鲁渠开自明朝万历年间，渠线由南而北。清康熙年间，下游高台县新开渠一道，名曰丰稔渠，渠线自东而西，水道相交之处将小鲁渠挖切两段，不能通水。当时双方兴讼不休，经两县县官订立水利成案，“由该渠（丰稔渠）在挖断之处修搭过水凳槽一架，名曰高凳槽。上用木板做成，沙毡铺底，黄蜡灌缝，下用木棍土筏压垫。每年由该渠（丰稔渠）自行修理，春修冬拆。开水之后并由该渠派夫二名巡查以防冲倒。双方同意，订立成案，历年照旧，相安无事”①。至民国三十三年（1944）开水前，丰稔渠呈请水利工程师将凳槽下部用石条修成，而上部仍用旧板，两岸码头皆用土筏压垫，该渠认为嗣后再不用修理。及至民国三十四年（1945），凳槽木柱被乞丐偷拿两个，木板四散不能通水。小鲁渠民一再呈请临泽县前任县长函转高台县政府“令饬该渠（丰稔渠）照案修理”。经高、临两县县长及水利工作站谭主任亲临查实，新订水利条规并呈报甘肃省政府核准，其案如下：

（1）自民国三十三年（1944）修复后约可保固三年，三年后由省政府令饬水利林牧公司转令张掖工作站将槽底槽邦一律改为石质以资经久。

---

① 《为据情转请令饬高台县丰稔渠修理本县小鲁渠高凳槽以维水利请鉴核由》，1950 年，甘肃省档案馆，档案号：38 - 1 - 126。

（2）三年内若有损坏小鲁渠备料，丰稔渠备工。[①]

对于上述新订水规，小鲁渠并没有表示认同。民国三十七年（1948），所订立的条规已过去四年，凳槽下部石条已经倾倒四散，丰稔渠并未照案修理。临泽县县长指称，“再若不修……民等只得具情呈报钧府（省建设厅）鉴核函转高台县令饬该渠备工速修并请转报省政府令饬水利工作站督导，一律改修石质”[②]。

高台县县长同张掖水利工程区及临泽县政府会商后，令县府科长范立贤会同水利工程师周师颂率领丰稔渠渠长朴虞廷等前往临泽商办。据范科长报告查核，凳槽南梆上层木板北端损坏，其余材料均属完整。范科长与周工程师前往临泽县，由临泽县县长召集小鲁渠渠民代表及丰稔渠水利人员开会商讨，“决议本年暂行更换木板一块，由张掖水利工程区派员监修，所需工料由高台丰稔渠负担五分之四，小鲁渠负担五分之一。以后修理或改建石质工程由临高两县政府呈请省政府拨款办理”[③]。

对于上述政府的处理意见，小鲁渠依旧不满意。小鲁渠渠民认为小鲁渠开渠在先，丰稔渠开渠在后，由于丰稔渠切断小鲁渠渠身才搭建渡槽通水，依照前清成案，此项渡槽例由高台丰稔渠负责修理。自民国三十四年修理后，四年再未修补渡槽，槽梆木板已腐朽一块，有漏水之虞，两岸石码头亦多倾颓。因此，小鲁渠认为在石渡槽还未更换之前，理应仍照成案“由高台丰稔渠负责修理，未便由本县小鲁渠负担工款”[④]。小鲁渠坚持依照前清成案办理，认为“高台丰稔渠灌

① 《为据情转请令饬高台县丰稔渠修理本县小鲁渠高凳槽以维水利请鉴核由》，1950年，甘肃省档案馆，档案号：38－1－126。

② 《为据情转请令饬高台县丰稔渠修理本县小鲁渠高凳槽以维水利请鉴核由》，1950年，甘肃省档案馆，档案号：38－1－126。

③ 《为呈复遵令会办临泽县小鲁渠高凳槽修理情形一案请钧鉴核查由》，1950年，甘肃省档案馆，档案号：38－1－126。

④ 《为呈复小鲁渠高凳槽应由丰稔渠修理请鉴核由》，1950年，甘肃省档案馆，档案号：38－1－126。

溉地区较大，人民富力殷实。已于本年四月二十三日开水，而小鲁渠则因灌溉区域甚小，民穷力薄，迄今尚未开水，农田已经受旱，若再变更成案，纠纷则必更大，为顾及双方利益及维系两县人民感情计，自应仍照成案饬由高台县丰稔渠负责修补较为妥当”①。

以上表明，政府在处理各方意见矛盾问题，从过去的仲裁者、权威者转变为协调者、商定者。上述案例经由政府协调并未成功，关键在于政府的维修工程款项不能及时落实，导致小鲁渠坚持要以清康熙时的定案为处理原则，这说明政府资源整合的能力还较弱。

临泽小新渠与高台三清渠之间关于修复渡槽引发的纠纷，就是因为政府没有及时向三清渠下拨水利款而造成的。

临泽小新渠自渠口至渠尾，水流畅通，并无阻碍。民国三十四年（1945），高台三清渠新开渠道后，将小新渠渠身隔断，以至于该渠渠水不能通行。当时，小新渠渠民等起而阻止，旋由高台、临泽两县县长会同第六区何专员，召集高临两县民众代表开会讨论，在不危害双方水利原则下共同订立合同字据：“由三清渠与本渠（小新渠）建修涵洞并予保护，三年随坏随修。”② 后三清渠竟违背订约，未修涵洞，暂筑渡槽。民国三十六年（1947）六月二十八日晚间，山洪暴发，三清渠水势过猛，遂将小新渠木槽冲毁。小新渠渠民迭经呈报，并经县府函转高台县政府转饬三清渠进行补修，但该渠缓不修筑。小新渠田亩亢旱近一月之久，无奈之下，小新渠渠民“代催民夫六十名，工作八日，共计人工四百八十个，折合工价洋玖拾陆万元”，竣工后“小新渠上下两号田禾已经受旱两千余亩，计收杂粮两千余石，以当时市价估计约计损耗国币捌佰余万元”③。对于如此之大的损失，小新渠认为是三清渠所致。而三清渠则污称是小新渠自行放水所致，

---

① 《为呈复小鲁渠高凳槽应由丰稔渠修理请鉴核由》，1950 年，甘肃省档案馆，档案号：38－1－126。

② 《三清渠代表呈称复修渡槽费用过巨恳请责成为害人赔偿损失一案》，1948 年，甘肃省档案馆，档案号：38－1－122。

③ 《三清渠代表呈称复修渡槽费用过巨恳请责成为害人赔偿损失一案》，1948 年，甘肃省档案馆，档案号：38－1－122。

对此小新渠极其愤慨，希望县政府“呈请省政府令饬高台县政府转饬三清渠依照订约建修涵洞以利水利而裕民生”[①]。

对于小新渠的呈请，三清渠的回应又是如何？民国三十六年（1947），高台三清渠代表呈称复修渡槽，费用过巨，恳请责成小新渠赔偿损失。1949 年，高台县渠民向省参议会会长上呈了“为修建渡槽民力不逮，恳祈均会鉴核俯赐转请省府核拨水利贷款以资辅助俾竟全功事”[②] 的提案，其中指出：“该渠渡槽原建需料本不巩固，既经水浸日晒槽道木料大部破坏。近年来每届用水之期，必得准备大量材料守地修补。一旦失慎，不惟本渠数万亩农田遭受旱灾，即临泽小新渠人民亦受株连之害。代表等为谋奠定水利基础免除一切纠纷起见自应设法筹备从事修建……兹负若大工程，费用实为挟山超海力难克胜。无如小新渠渡槽基础破坏，不堪修补，尚不积极设法修建，势必影响水利。”[③]

可以看出，三清渠和小新渠在建修涵洞问题上，都是从各自立场出发，如果政府不能采取手段及时处理，双方矛盾将不可调和。

二　鼎新县与高台县、临泽县的用水纠纷及处理

黑河上游张掖、临泽、高台各县渠口每年于芒种节前十日照前清旧例封闭以备下游高属上下五堡、正义及鼎新属毛、双二屯之灌溉，这是相沿二百余年之定案。后由于高台所属三清渠另开渠口，临泽小清渠的开辟，使得下游鼎新县水量减少。经鼎新县参议会再三呈请省政府，“准予照例封闭”，并且于民国三十四年（1945）由七区专署及有关县长、地方人士在高台订立分水永久办法八条，经省政府核准饬遵。民国三十六年（1947）均水期间，临泽小清渠不遵饬令仅闭五天，高台所属三清渠“仅撤去闸板十块，而该渠人民代表竟聚众相

① 《三清渠代表呈称复修渡槽费用过巨恳请责成为害人赔偿损失一案》，1948 年，甘肃省档案馆，档案号：38－1－122。

② 《为修建渡槽民力不逮，恳祈均会鉴核俯赐转请省府核拨水利贷款以资辅助俾竟全功事》，1948 年，甘肃省档案馆，档案号：38－1－126。

③ 《为修建渡槽民力不逮，恳祈均会鉴核俯赐转请省府核拨水利贷款以资辅助俾竟全功事》，1948 年，甘肃省档案馆，档案号：38－1－126。

抗不遵核定之办法”[1]。由于该渠渠口过大吸收河水过半，上游封闭之水反而由该渠吸去，进水量无法管制，严重影响下游之灌溉水量。

鼎新和临泽两县政府解决问题之建议如下。

鼎新县参议会向省府呈请的办法是，于当年均水期间“提前严饬高台县属三清渠速予建修进水闸以节水流并实现分水永久办法及饬临泽小清渠在均水期间照例封闭渠口以维水规而利下游人民之灌溉”[2]。

甘肃省第七区兼保安司令公署的调查结果是：黑河河流忽南忽北，向无定所。临泽、高台各渠灌溉之水量多少未有限制，渠口大小亦无规定，系以人力之多寡为水量之增减。有人力者，挖渠深而宽，筑坝长而高，因之容水量充沛，否则水量细微。临泽小新渠渠口高，水位低，与三清渠未分口时全赖三清渠人力挖渠筑坝。自三清渠分口后，小新渠限于人力，渠坝无力挖筑，虽然仍用原来渠口，水流无法大量引渡，水量细微仅占过去原渠口水量之十分之二。三清渠新渠修成后，容纳水量较大，虽然在芒种节前十日退除闸板二分之一，据临泽人士称其水量仍不减合口时之水量。三清渠分口后，对小新渠灌溉影响颇大。民国三十六年（1947），按规定临泽小新渠于均水期封闭渠口十日，该渠民众因水小坚持不闭，用力死争，经临泽县长一再晓谕始行封闭五日。根据这个调查结果，七区公署的建议是：

> 今奉令封闭十日，遵照令示办理抑应依据去年封闭五日之办法办理，或择定时间、地点召集有关县长及人士并电请六区专署派员妥议永久分水办法，如何之处可否呈请省政府核示意……[3]

① 《电请钧府鉴核准予提前严饬高台县属三清渠速予建修进水闸节水流并实现新订分水永久办法及临泽县属小清渠照例封闭渠口以维水规而利下游灌溉由》，1948 年，甘肃省档案馆，档案号：38 - 1 - 124。

② 《电请钧府鉴核准予提前严饬高台县属三清渠速予建修进水闸节水流并实现新订分水永久办法及临泽县属小清渠照例封闭渠口以维水规而利下游灌溉由》，1948 年，甘肃省档案馆，档案号：38 - 1 - 124。

③ 《奉电饬将三清渠等渠口妥议永久分水办法一案据查报各节不无理由应如何办理请示遵由》，1948 年，甘肃省档案馆，档案号：38 - 1 - 124。

鼎新县政府的建议是：

查临泽小新渠向未封闭渠口确与三清渠合流之关系，现三清渠既已分流使水，本年自应依照均府明令核准之高台县新开三清渠芒种节前十日与正谊五堡暨鼎新毛、双二屯分水永久办法第七条之规定届期予以封闭。①

临泽县政府的建议是：

（三清渠）应及早建修进水闸以节水量，否则闭与不闭相等彰彰……今日之闭口与曩昔之不闭毫无二致，何所损于三清渠，而小新渠之水较之过去并未加大，反遭闭口而民生于不顾，失平之事孰甚于此。况省府前已体恤本渠民众艰苦……在河西水利整个整理工程未完成以前，每年高、鼎分水时，小新渠照成案不封闭渠口，嗣后复奉建水（36）卯字第二七八四号训令通饬河西各县水利计划未完成以前，所有水利规章务须照旧办理，不准稍有更张，以免发生纠纷……同时更为保持二百余年之成例以为民生之保障，誓必权利以争，恳祈转呈省府详查两渠实际水量之大小而定封闭与否之标准，幸勿以空洞之理想而遽强制其执行……②

小新渠所称的“二百余年之成例”是指，小新渠开创于清初，“每岁高鼎均水之时，临泽三十六渠中惟小新渠不闭口”③，小新渠不闭口即因渠道甚小，水量颇微，且土地纯属沙壤，不耐受旱，“五日

① 《为电请令饬临泽县政府督饬小新渠农民本年遵照向例封闭渠口十日以维持黑河下游灌溉由》，1948 年，甘肃省档案馆，档案号：38 - 1 - 124。

② 《电请本年高鼎临三县均水时期保持小新渠不闭口成例请鉴核由》，1948 年，甘肃省档案馆，档案号：38 - 1 - 124。

③ 《电请本年高鼎临三县均水时期保持小新渠不闭口成例请鉴核由》，1948 年，甘肃省档案馆，档案号：38 - 1 - 124。

无水则苗槁枯，十日无水则无收成之望”。后高台三清渠创修，因无适当渠口，加入小新渠后水量加大，当时即被鼎新民众呈请封闭渠口。但小新渠仍以上述理由不闭口。小新渠认为高台三清渠不闭渠口乃受小新渠之恩惠，并非其固有成例。三清渠另开分口后，该渠渠口过大，几将黑河之水吸收过半，此渠之闭与不闭影响下游均水者实大，而与小新渠关系不大。相反，小新渠自和三清渠分离后，虽用两渠原来合用之口，但因人力薄弱无法疏浚，加之水利工程所搭建的木槽容量较小，一旦水量加大，渠水自流，浪费较大，水量骤降。

从上述临泽、高台、鼎新的用水纠纷可以看出三县利益关系的复杂性，鼎新处于最下游，由于上游临泽小新渠不闭口，高台三清渠另修渠道，少撤闸板，使得下游鼎新损失最大。为解决下游鼎新灌溉问题，按政府新议定的办法，上游三清渠、小新渠在均水期封闭渠口十日，三清渠还应按规定撤去闸板。但上游两县之间也存在矛盾，高台三清渠与临泽小新渠本使用同一渠口，三清渠另辟渠道后，大量吸收河水，正如小新渠指出，三清渠“今日之闭口与曩昔之不闭毫无二致”，就是说如果政府不给三清渠建修进水闸，则三清渠闭口不闭口都极大地影响了下游鼎新的灌溉用水，但对小新渠来说，水量本来就小，加之木槽窄小，水量浪费大，再封闭渠口，有失公平，因此要求省府在河西走廊水利整治未完成之前，严格按清初成例处理纠纷。可以看出，如果政府不能发挥强大的资源整合能力（包括资金、技术、人力等），仅仅靠一纸公文来规范和处理各方利益关系，那么在社会控制方面将显得力不从心。

三　山丹县与民乐县、张掖县之间的用水纠纷及处理

山丹草四坝与民乐东乐堡下五坝及张掖平彝乡二十一坝系同一泉源，源出山丹城东之草湖。按惯例以三十二昼夜为一轮，山丹分水二十昼夜；民乐、张掖两县分水十二昼夜。每年清明日起至立冬日至，周而复始，按轮浇灌。本坝浇灌期间，它坝渠口必须关闭。由于山丹草四坝水穿城而过，居民赖以饮用，因此民乐、张掖轮水之十二昼夜

仍给山丹草四坝分水三分，名曰军马圆圃水，即在草四坝渠口堵一石磨扇，中开一眼，三分水即由此磨眼穿过入城。[①] 石磨扇因年久失其磨损，遂引发三县之间的分水纠纷。民乐人称磨眼原来甚小，今被山丹人私行凿大，且磨扇周围没有以草皮泥筏干打实塞，渠水有渗漏情况。山丹人称磨眼向来如此，磨扇系用顽石扶砌，使石孔漏水，不得实塞。双方纠纷即由此起。据查山丹草四坝渠宽约五市尺六寸，旧置石磨扇直径二市尺余，中凿六寸半孔一眼以便于渠水穿流而过。但由于石磨扇存在缝隙，水深则磨眼石隙上下均流，与古人留水眼之陈规全不相符，因此，民乐、张掖两县认为磨扇周围必须以草皮泥筏干打实塞，不无理由。

民国三十五年（1946）五月，正值民乐东乐渠轮水，山丹草四坝差甲王让同头人杨伯林、雷显奎等因截夺东乐渠正轮号水[②]，双方涉讼山丹县府。经县政府查勘传讯后，会同农会彭理事长“评令援照旧例轮流浇灌，不得任意截夺号水，紊乱水利陈规，并布告两坝民众周知”[③]。后因杨伯林等抗不遵守，双方纠纷仍未解决。民乐县东乐渠代表王春林等再次呈诉六区专署，后派视察孙振林屡勘，会同三县（张掖、民乐、山丹）县长、山丹参议会议长、青年团筹备主任、党部书记长，东乐渠代表、草四坝代表、民乐参议会副议长等在山丹县政府举行会议，商定解决办法七项。同年七月，按会议决定民乐县府派秘书及参议会副议长等携带石制水闸前来会同安装。因草四坝代表提议本坝轮大水时非移闸不可，民乐代表坚不让步。经专署核实后，八月专署复派孙视察照议决案执行让闸，由山丹县长致函张掖、民乐两县，各派代表到县共同镶置水闸。“时有草四坝代表杨伯林等出面阻挡，虽未发生剧烈冲突，石闸仍未得安装。”

---

① 《山丹草四坝与民乐东乐堡分水致引纠纷一案咨复知照由》，1947 年，甘肃省档案馆，档案号：14－1－250。

② 正轮号水：正轮到东乐渠浇水。

③ 《山丹草四坝与民乐东乐堡分水致引纠纷一案咨复知照由》，1947 年，甘肃省档案馆，档案号：14－1－250。

为了解决草四坝的镶闸问题，政府不得不出动警力，即便如此，秩序仍处于失控状态：

各当事绅民监视，一面率领警察并函请驻军维持秩序。自早八点起至十一点石闸甫经镶妥，山丹书记长以渠水截断且闸口两旁石柱太大，缩小渠口面积，本坝正轮大水时势必减少流量有妨灌溉。因争论而与孙视察发生口角。……山丹代表等率领草四坝民众百余人蜂拥而至，质询孙视察，喊骂山丹县长，将新镶石闸捣毁打碎，夺去民乐人铁锨、衣鞋等物。一时喊叫声冲动，秩序大乱，倘非山丹县长事前顾虑周到，函请驻军掩护，难免酿成惨剧。①

后经政府议决，形成5点意见：

第一，会议记录既由专署派员会同三县县长及党团参议会首长、各坝代表郑重举行，本党会议方式向采民主集权，绝非主席者武断独裁，出席人数尤以山丹县占较多数，且议决案第一项首句提明仍照旧例办理，并未推翻陈规似应维持有效。

第二，以乱石扶砌磨扇故使石隙漏水绝不合理……既可维持议决案尤可在革改之中仍寓陈规。

第三，……可由本府指派水利工程师以科学方式建修……以杜永远纠纷消弭后来隐患。

第四，每年浚泉一次，应由民乐、张掖灌水农户负担三分之一民工，帮同山丹草四坝民工三分之二疏浚并厘定合理水规……

第五，镶置分水闸底边用石质不使漏水，其技术及费用均由河西水利工程总队负责办理。分水闸板用木板以资装卸，用板多

---

① 《山丹草四坝与民乐东乐堡分水致引纠纷一案咨复知照由》，1947年，甘肃省档案馆，档案号：14－1－250。

少由民乐人预备。闸板中应留水眼之大小应遵照旧案以两造公认之六市寸半为度。民乐人水期已过，应即将闸板抽存，俟下轮水期时再装。[①]

山丹草四坝与民乐、张掖之间的用水纠纷表明，在水资源供需矛盾日益突出的背景下，即使是石磨扇石缝的微小渗水也会引起用水各方的激烈纠纷。山丹草四坝渠民坚持不让镶闸就是担心进水量的减少，民乐、张掖两方出于自身利益的考虑，坚定主张换闸，双方矛盾不可调和。在政府出动军警的情况下，社会秩序仍然发生失控，这表明政府已无法应对社会失控的局面。为了缓和矛盾，维持秩序，政府协调各方利益关系时，在以旧章陈规为原则的基础上，不得不对山丹草四坝一方作出明显的让步，如出席会议者占多数；派水利工程师指导；民乐、张掖每年出工三分之一帮同疏浚渠道；镶闸费用由河西水利工程总队负责等。

以上三个案例表明，民国以来河西走廊的用水纠纷较明清时期有过之而无不及，就其深层次的原因来讲，主要是水资源的供给不能适应需求，且这个矛盾越来越突出，如果国家不能发挥强大的资源整合能力解决这个矛盾，河西走廊的用水纠纷就无法从根本上消除。

小　结

民国时期，河西走廊水资源社会控制呈现出如下特点。

一是民间规约虽越来越不能主导社会控制，但在两种情况下依旧被视为缓和矛盾的主要手段，第一是没有更好的办法以平衡各方的利益时；第二是在政府社会控制力量还不够强大时。

二是在国家法律制度和各项社会建设还缺位的情况下，处理和化

---

① 《山丹草四坝与民乐东乐堡分水致引纠纷一案咨复知照由》，1947 年，甘肃省档案馆，档案号：14－1－250。

解矛盾的方式是将各级政府和当事者各方代表调集起来，开会商讨，以求各方满意之解决办法。在水资源供需矛盾日益紧张的状况下，在各方站在自身立场上坚执一词的局面下，这种解决问题的办法很难起到作用，缺乏一定的效力。

三是在西北建设高潮的影响下，国家虽然对河西走廊的水利建设进行了大量的基础性工作，但由于诸多原因，还存在滞后，特别是在改善水资源供需矛盾方面，资源整合能力仍然不足，在面对复杂的社会问题时往往陷入困局，要么继续沿用明清时期的旧规来应付局面；要么采用各方商谈的方式寻找新的解决办法。这既没有法律法规作为依凭，又没有切实可行的措施增加水资源总量以满足各方需求，在纠纷各方互不让步的情况下，很难达到预期的效果。

四是河西走廊水利灌溉体系早在汉唐时期已经基本形成，到了明清时期，民间水利管理规范日益成熟，国家与社会的互动日趋频繁。民国时期，政府承继了历史时期的水利布局和制度规范，国家对社会的渗透逐渐加大。与此同时，国家通过投入大量的基础性工作来试图解决河西走廊水资源供需的矛盾，这对以后河西走廊的农田水利事业产生了深远的影响。

参考文献

史志类

《边疆丛书甲六·敦煌随笔》，民国二十六年（1937）禹贡学会据传抄本印制，甘肃省图书馆西北文献部藏复本。

《大明会典》，《续修四库全书·史部·大明会典》，上海古籍出版社1995年影印本。

《甘宁青史略副编》（10），兰州俊华印书馆1936年，甘肃省图书馆西北文献部藏影印本。

《甘肃省乡土志稿》，甘肃省图书馆西北文献部藏复本。

《甘肃通志》卷45《艺文》，乾隆《钦定四库全书·史部》，甘肃省图书馆西北文献部藏复本。

《河西志》（上编），中共张掖地委秘书处1958年编印，甘肃省图书馆西北文献部藏。

《明史》，中华书局1982年版。

《钦定大清会典事例》，《续修四库全书·史部·钦定大清会典事例》，上海古籍出版社2003年影印本。

《清史稿》，中华书局1977年版。

《魏源全集·皇朝经世文编》，岳麓书社2004年版。

道光《敦煌县志》，成文出版社有限公司1970年版。

道光《山丹县志》，成文出版社有限公司1970年版。

道光《镇番县志》，成文出版社有限公司1970年版。

光绪《肃州新志》，《中国地方志集成·甘肃府县志辑》（48），凤凰出版社 2008 年影印版。
嘉庆《永昌县志》，甘肃省图书馆西北文献部藏复本。
民国《东乐县志》，《中国地方志集成·甘肃府县志辑》（45），凤凰出版社 2008 年影印版。
民国《高台县志》，《中国地方志集成·甘肃府县志辑》（47），凤凰出版社 2008 年影印版。
民国《临泽县志》，成文出版社有限公司 1976 年版。
民国《民勤县志》，成文出版社有限公司 1970 年版。
民国《重修敦煌县志》，甘肃省图书馆西北文献部藏未刊本。
民国《重修古浪县志》，河西印制局 1939 年，甘肃省图书馆西北文献部藏复本。
乾隆《甘州府志》，成文出版社有限公司 1976 年版。
乾隆《古浪县志》，《五凉考治六德集全志义集》，《中国地方志集成·甘肃府县志辑》（38），凤凰出版社 2008 年影印版。
乾隆《古浪县志》，《五凉考治六德集全志义集》，成文出版社有限公司 1976 年版。
乾隆《平番县志》，《五凉考治六德集全志忠集》，成文出版社有限公司 1976 年版。
乾隆《武威县志》，《五凉考治六德集全志智集》，成文出版社有限公司 1976 年版。
乾隆《镇番县志》，《五凉考治六德集全志仁集》，《中国地方志集成·甘肃府县志辑》（43），凤凰出版社 2008 年影印版。
乾隆《重修肃州新志》，《中国地方志集成·甘肃府县志辑》（48），凤凰出版社 2008 年影印版。
万历《肃镇华夷志》，《中国地方志集成·甘肃府县志辑》（48），凤凰出版社 2008 年影印版。

水利文献

曹馥修纂：《安西县采访录》，1930 年，甘肃省图书馆西北文献部藏写本。

陈正祥撰：《河西走廊》，《地理学部丛刊第四号》，1943 年，甘肃省图书馆西北文献部藏。

陈作义编：《蔡旗堡村志》，甘肃省图书馆西北文献部藏复本。

甘肃省水利林牧公司主编：《甘肃省水利林牧公司成立两年概况》，甘肃省图书馆西北文献部藏。

（民国）江戎疆：《河西水系与水利建设》，《力行月刊》1943 年第 1 期第 8 卷，甘肃省图书馆西北文献部藏。

李玉寿、常厚春编著：《民勤县历史水利资料汇编》，民勤县水利志编辑室 1989 年，甘肃省图书馆藏。

民勤县水利委员会制定：《民勤县水利规划》，1944 年，甘肃省图书馆西北文献部藏。

水利部甘肃河西水利工程总队编：《黑河流域灌溉工程规划书》，1946 年，甘肃省图书馆西北文献部藏复本。

水利部甘肃河西水利工程总队编：《民勤黑山头地下水灌溉工程计划书》，1947 年，甘肃省图书馆西北文献部藏复本。

行政院新闻局编：《河西水利》，1947 年，甘肃省图书馆西北文献部藏。

《河西农田水利计划纲要》，甘肃省图书馆西北文献部藏。

张丕介等编：《甘肃河西荒地区域调查报告》，农林部垦务总局 1942 年编印，甘肃省图书馆西北文献部藏。

张荣铮等点校：《大清律例·河防》，天津古籍出版社点校本 1993 年版。

张锡祺编纂：《安西县全邑水利表图》，1943 年，甘肃省图书馆西北文献部藏。

张掖专署水利局编：《五十年代水利工作参考资料》，甘肃省图书馆西北文献部藏。

政协民勤县文史资料委员会编：《民勤县文史资料》，甘肃省图书馆西北文献部藏。

中国工程师学会第十三届年会编：《河西水利问题》，1945 年，甘肃省图书馆西北文献部藏。

档案类

甘肃省档案馆：1-3-683，4-1-262，4-2-81，4-2-82，4-2-138，4-3-77，4-3-81，6-2-119，14-1-246，14-1-250，14-2-108，14-2-190，14-2-334，15-1-415，15-1-416，22-1-271，22-1-272，22-1-299，22-1-300，22-1-313，22-1-315，22-1-329，22-1-332，22-1-333，22-1-356，23-1-195，38-1-2，38-1-8，38-1-114，38-1-121，38-1-122，38-1-124，38-1-126，39-1-26，39-1-45，39-1-98，39-1-125，39-1-263，39-1-385，39-1-592，216-2-321，229-1-68，229-2-121 等。

著作文集

陈赓雅：《西北视察记》，甘肃人民出版社 2002 年版。

董晓萍、［法］蓝克利：《不灌而治——山西四社五村水利文献与民俗》，中华书局 2003 年版。

范长江：《中国的西北角》，新华出版社 1980 年版。

费孝通、吴晗等：《皇权与绅权》，上海观察社 1949 年发行。

高荣：《河西通史》，天津古籍出版社 2011 年版。

胡晟旭等点校：《民事习惯调查报告录》（上册），中国政治大学出版社 2000 年版。

冀朝鼎：《中国历史上的基本经济区与水利事业的发展》，朱诗鳌译，中国社会科学出版社 1979 年版。

李并成：《河西走廊历史时期沙漠化研究》，科学出版社 2002 年版。

李扩清：《甘肃河西农村经济之研究》，成文出版社有限公司 1977 年版。

梁漱溟：《中国文化要义》，上海人民出版社 2011 年版。

梁治平：《清代习惯法：社会和国家》，中国政法大学出版社 1996 年版。
明驼：《河西见闻录》，上海中华书局 1934 年版。
齐陈俊：《河西史研究》，甘肃教育出版社 1989 年版。
瞿同祖：《清代地方政府》，范忠信等译，法律出版社 2003 年版。
司汉武：《制度理性与社会秩序》，知识产权出版社 2011 年版。
唐润明主编：《抗战时期大后方经济开发文献资料选编》，重庆出版社 2012 年版。
陶保廉：《辛卯待行记》，甘肃人民出版社 2000 年版。
田东奎：《中国近代水权纠纷解决机制研究》，中国政法大学出版社 2006 年版。
田澍主编：《西北开发史研究》，中国社会科学出版社 2007 年版。
文史哲编辑部编：《国家与社会：构建怎样的公域秩序?》，商务印书馆 2010 年版。
吴廷桢、郭厚安主编：《河西开发史研究》，甘肃教育出版社 1996 年版。
谢树森：《镇番遗事历鉴》，香港天马图书有限公司 2000 年版。
张景平：《河西走廊水利史历史文献类编》（讨来河卷），科学出版社 2016 年版。
张仲礼：《中国绅士——关于其在十九世纪中国社会中的作用研究》，李荣昌译，上海社会科学院出版社 1991 年版。
赵世瑜：《小历史与大历史：区域社会史的理念、方法与实践》，生活·读书·新知三联书店 2010 年版。
［德］斐迪南·滕尼斯：《共同体与社会》，林荣远译，商务印书馆 1999 年版。
［美］E. A. 罗斯：《社会控制》，秦志勇、毛永政译，华夏出版社 1989 年版。
［美］杜赞奇：《文化、权利与国家——1900—1942 年的华北农村》，江苏人民出版社 1996 年版。
［美］黄宗智：《华北的小农经济与社会变迁》，中华书局 2000 年版。

［美］卡尔·A. 魏特夫：《东方专制主义：对于集权力量的比较研究》，徐式谷等译，中国社会科学出版社 1989 年版。

［美］克利福德·吉尔兹：《地方性知识：阐释人类学论文集》，王海龙等译，中央编译出版社 2000 年版。

［美］莫里斯·弗里德曼：《中国东南的宗族组织》，刘晓春等译，上海人民出版社 2000 年版。

［日］森田明：《清代水利社会史研究》，郑樑生译，台湾“国立”编译馆 1996 年版。

学术论文

钞晓鸿：《灌溉、环境与水利共同体》，《中国社会科学》2006 年第 4 期。

韩茂莉：《近代山陕地区基层水利管理体系探析》，《中国经济史研究》2006 年第 1 期。

李并成：《明清时期河西地区“水案”史料的梳理研究》，《西北师范大学学报》（哲学社会科学版）2002 年第 6 期。

鲁西奇：《“水利周期”与“王朝周期”：农田水利的兴废与王朝兴衰之间的关系》，《江汉论坛》2011 年第 8 期。

潘春辉：《清代河西走廊水利开发与环境变迁》，《中国农史》2009 年第 4 期。

钱杭：《共同体理论视野下的湘湖水利集团——兼论“库域型”水利社会》，《中国社会科学》2008 年第 2 期。

石峰：《关中“水利社区”与北方乡村的社会组织》，《中国农业大学学报》（哲学社会科学版）2009 年第 1 期。

王静忠等：《历史维度下河西走廊水资源利用管理探讨》，《南水北调与水利科技》2013 年第 11 卷第 1 期。

王培华：《清代河西走廊的水利纷争及其原因——黑河、石羊河流域水利纠纷的个案考察》，《清史研究》2004 年第 2 期。

王先明：《士绅构成要素的变异与乡村权利——以 20 世纪三四十年代

的晋西北、晋中为例》，《近代史研究》2005 年第 2 期。
萧正洪：《历史时期关中地区农田灌溉中的水权问题》，《中国经济史研究》1999 年第 1 期。
行龙：《“水利社会史”探源——兼论以水为中心的山西社会》，《山西大学学报》（哲学社会科学版）2008 年第 1 期。
张俊峰：《率由旧章：前近代汾河流域若干泉域水权争端中的行事原则》，《史林》2008 年第 2 期。
张小军：《复合产权：一个实质论和资本体系的视角——山西介休洪山泉的历史水权个案研究》《社会学研究》2007 年第 4 期。
赵世瑜：《分水之争：公共资源与乡土社会的权利和象征——以明清山西汾水流域的若干案例为中心》，《中国社会科学》2005 年第 2 期。
郑俊华：《当商业遇到农业：围绕浙江石室堰的水利纠纷》，《农业考古》2013 年第 1 期。